高职高专公共基础课系列教材

概率论与数理统计初步

主编　郭明普　罗　萍
参编　郭洪林　易存晓
主审　付木亮

机 械 工 业 出 版 社

本套教材是根据教育部制定的“高职高专教育高等数学课程教学基本要求”，并按照高职高专院校的培养目标而编写的.

本套教材共分三册，即《高等数学(上)》、《高等数学(下)》、《概率论与数理统计初步》. 本书为《概率论与数理统计初步》，内容包括：概率论、数理统计初步及 MATLAB 在概率论与数理统计中的简单应用.

本书可作为高等职业院校、高等专科院校、成人高校及本科院校举办的二级职业技术学院和民办高校的数学类教材，也可作为一般工程技术人员的参考用书.

图书在版编目(CIP)数据

概率论与数理统计初步/郭明普，罗萍主编. —北京：机械工业出版社，2009.2（2024.1 重印）
高职高专公共基础课系列教材
ISBN 978-7-111-25738-7

Ⅰ. 概… Ⅱ. ①郭…②罗… Ⅲ. ①概率论—高等学校：技术学校—教材②数理统计—高等学校：技术学校—教材 Ⅳ. 021

中国版本图书馆 CIP 数据核字(2008)第 194018 号

机械工业出版社(北京市百万庄大街 22 号　邮政编码 100037)
责任编辑：李大国　责任校对：纪　敬
封面设计：王伟光　责任印制：郜　敏
北京富资园科技发展有限公司
2024 年 1 月第 1 版第 8 次印刷
130mm×184mm · 4.375 印张 · 97 千字
标准书号：ISBN 978-7-111-25738-7
定价：17.00 元

电话服务	网络服务
客服电话：010-88361066	机　工　官　网：www.cmpbook.com
010-88379833	机　工　官　博：weibo.com/cmp1952
010-68326294	金　书　网：www.golden-book.com
封底无防伪标均为盗版	机工教育服务网：www.cmpedu.com

前　言

概率论与数理统计是从数量方面研究偶然现象规律性的学科．它是数学的一个有特色的分支，一方面它具有独特的概念和方法，内容丰富，结果深刻；另一方面它与其他数学分支联系密切，在自然科学、社会科学及工程技术中有着广泛的应用．数理统计是以概率论为基础，研究数据资料的收集、整理、分析与推断的科学．它着眼于根据偶然现象本身的规律性进行分析与推断，有效地利用资料信息，尽可能作出精确而可靠的结论．

本书在编写过程中，注意把数学基础理论、工程实际应用、数学软件三大模块有机结合；注重理论联系实际，由浅入深，由易到难；遵循具体——抽象——应用的原则，加强学生在素质和能力方面的培养．对数学概念和基本定理，着重阐明它们的几何意义、物理背景、经济解释以及实际应用价值等，并注意培养学生利用计算工具和数表、图表等解决工程实际问题的能力，引导学生学会探索、发现和归纳的方法，逐步培养学生的创新意识和应用数学解决实际问题的能力．书中附有丰富的例题、习题，应用实例涉及面广．

本书由河南工业职业技术学院的郭明普、罗萍主编，付木亮主审．其中第一、二章由郭洪林编写、第三章由易存晓编写．

由于编者水平有限，书中难免存在不妥之处，恳请同仁和读者批评指正．

编　者

目　　录

第一章　概　率　论

学习目标

（1）理解随机事件、事件的关系及运算、概率的古典定义等概率的相关概念；

（2）熟练掌握概率的加法公式、条件概率公式、乘法公式、全概率公式、伯努利概型等概率计算公式和方法；

（3）理解随机变量、分布列、分布密度、分布函数、正态分布等概念，熟练掌握分布列、分布密度、分布函数及正态分布的相关计算方法；

（4）理解随机变量的数字特征的有关概念，熟练掌握期望和方差的计算方法；

（5）培养把概率知识应用于实际生活的意识与能力.

概率论是研究现实世界中随机现象统计规律性的一门学科，是近代数学的重要组成部分. 它不仅是数理统计的基础，而且在自然科学、工程技术和经济管理中有着广泛应用. 本章将介绍随机事件及其概率，随机变量及其概率分布，随机变量的数字特征等有关概率论的一些初步知识及其在实际中的一些应用.

第一节　随 机 事 件

一、随机试验和随机事件

在自然界和科学实验中出现的现象，可以分为两大类：一类是确定性现象，另一类是随机现象. **确定性现象**是指在一定条件下必然发生或必然不发生的现象. 例如下面给出的都是确定性现象：

(1) 在标准大气压下，温度达到100℃时，纯水沸腾；

(2) 异性电荷相互吸引；

(3) 从装有10个黄色乒乓球的盒子里任意摸出一个是黄球.

随机现象是指在一定条件下可能发生也可能不发生的现象. 例如，下面给出的都是随机现象：

(1) 投掷一枚质地均匀的骰子，出现点数为1；

(2) 某种股票明天上涨；

(3) 某款手机在一天内的销售量；

(4) 某射手向一目标射击，击中的环数.

人们经过长期实践并深入研究之后发现，就一次观察而言，随机现象具有偶然性，但在大量重复试验下，它的结果呈现出某种规律性. 例如，多次重复抛掷一枚质地均匀的硬币，正面和反面出现的次数大致相同，几乎各占抛掷次数的一半. 这种在大量重复过程中出现的规律性，称为**统计规律性**. 研究随机现象离不开试验或观察，这里的“试验”是一个含义广泛的概念，它包括各种各样的科学试验，甚至对某一事物的某一特征的观察也认为是一种试验. 例如：

(1) 投掷一枚质地均匀的硬币，观察它正面向上的次数；

(2) 投掷一枚质地均匀的骰子，观察它出现的点数；

(3) 一射手进行射击，直到击中目标为止，记录他的射击次数；

(4) 对一批灯泡，测试每一只的寿命.

上面4个试验，具有以下共同特性：

（1）可以在相同的条件下重复进行；

（2）每次实验的可能结果不止一个，但事前知道实验的所有结果；

（3）每次实验之前不能确定哪一个结果一定会出现.

我们把具有上述三个特性的试验称为随机试验. 今后，我们所说的试验均指随机试验.

把随机试验的任何一个可能发生的结果，称为**随机事件**（简称**事件**），通常用大写字母 A、B、C 等表示.

例 1 对 10 环靶射击一次，则 $A=\{$击中 5 环$\}$ 是随机事件，$B=\{$击中环数在 5 ~ 10 环之间$\}$ 也是一个随机事件.

例 2 箱内装有 10 件同型号的产品，其中 7 件是正品，3 件是次品，从中任取两件，则 $A=\{$恰有一件次品$\}$，$B=\{$两件全是次品$\}$，$C=\{$两件全是正品$\}$ 都是随机事件.

把随机事件中最简单的不可再分的事件称为**基本事件**（样本点），记为 ω. 全体基本事件的集合称为这个试验的**样本空间**，记为 Ω.

例如，试验(1)中的基本结果有两个：正面和背面，即有两个基本事件，这个试验的样本空间为 $\Omega_1=\{$正面,背面$\}$.

试验(2)中的基本结果有六个："1 点"，"2 点"，"3 点"，"4 点"，"5 点"，"6 点"，分别用 1，2，3，4，5，6 来表示，这个事件的样本空间为 $\Omega_2=\{1,2,3,4,5,6\}$.

同样，试验(3)、(4)的样本空间可表示为：$\Omega_3=\{1,2,3,4,\cdots\}$ 和 $\Omega_4=\{t \mid t\geqslant 0\}$.

显然，随机事件或为基本事件，或由基本事件所组成，因此随机事件是样本空间 Ω 的子集.

例 3 若在 $1,2,3,\cdots,9$ 九个数字中任取一个，则事件 A_i 表示取得大小为 $i(i=1,2,\cdots,9)$ 的数；事件 B 表示取得一个偶数；事件 C 表示取得一个奇数，都是试验的可能结果.

例3中事件 $A_i(i=1,2,\cdots,9)$ 是基本事件. 事件 B 由事件 A_2，A_4，A_6，A_8 组合而成，事件 C 由事件 A_1，A_3，A_5，A_7，A_9 组合而成，这两个事件称为复合事件. 一般的，由若干个基本事件组合而成的事件称为**复合事件**.

随机试验中，必然会发生的事件称为**必然事件**. 样本空间 Ω 也是一个随机事件，由于每次试验总是 Ω 中的一个基本事件发生，即 Ω 必然发生，所以 Ω 为必然事件（通常也用 Ω 表示必然事件）. 肯定不会发生的事件称为**不可能事件**，记为 $\varnothing$.

例如，投掷一枚质地均匀的骰子，"点数不大于6"是必然事件，"点数大于6"是不可能事件. 显然，必然事件与不可能事件所反映的现象是确定性现象，并不具有随机性，但确定性现象可以作为随机现象的特例来研究.

二、事件的关系与运算

在随机试验中有许多事件发生，而这些事件之间往往又有联系. 研究事件之间的各种关系与运算，可以帮助我们更深刻地认识随机事件.

1. 事件的包含与相等

若事件 A 发生必然导致事件 B 发生，则称**事件 A 包含于事件 B**，或称**事件 B 包含事件 A**，记作 $A\subset B$ 或 $B\supset A$. 即 A 中的每一个基本事件都属于 B，如图1-1所示.

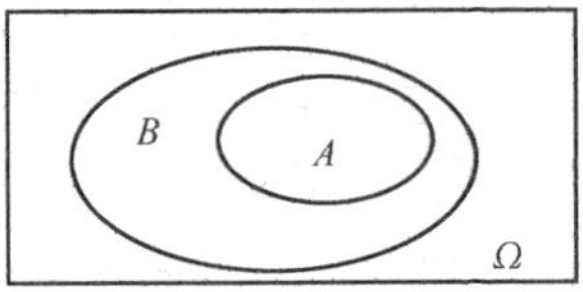

图 1-1

例如，投掷一枚骰子，设 $A=\{$出现4点$\}$，$B=\{$出现偶数点$\}$，则有 $A\subset B$.

由事件包含关系的定义，对任何事件 A，都有 $\varnothing\subset A\subset\Omega$.

若 $A \subset B$ 且 $B \subset A$，则称**事件 A 和事件 B 相等**，
记为 $A = B$
事件相等说明事件所包含的基本事件是相同的.

2. 事件的和(或并)

事件 A 与事件 B 至少有一个发生的事件，称为**事件 A 与事件 B 的和(或并)事件**，记为 $A \cup B$(或 $A + B$)(图 1-2 中的阴影部分). 因此，事件的和可以描述为：当且仅当事件 A，B 中至少有一个发生时，事件 $A \cup B$ 发生. 即 $A \cup B = \{A, B$ 至少有一个发生$\}$.

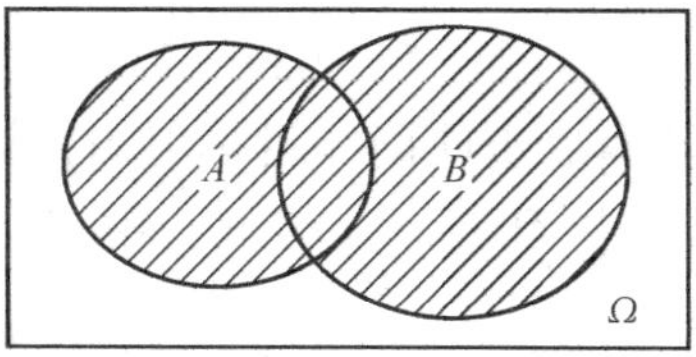

图 1-2

例如,投掷一枚骰子,设 $A = \{$出现奇数点$\}$，$B = \{$出现点数不超过 4$\}$，则 $A \cup B = \{$出现点数不超过 5$\}$.

由和事件的定义和图 1-2 不难看出：

(1) $A \subset (A \cup B)$，$B \subset (A \cup B)$；

(2) 若 $A \subset B$，则 $A \cup B = B$；

(3) $A \cup \Omega = \Omega$，$A \cup \varnothing = A$，$A \cup A = A$.

若事件 C 表示 n 个事件 $A_1, A_2, \cdots, A_n$ 中至少有一个事件发生，则

$$C = A_1 \cup A_2 \cup \cdots \cup A_n = \bigcup_{i=1}^{n} A_i.$$

3. 事件的交(或积)

事件 A 与事件 B 同时发生的事件，称为**事件 A 与事件 B**

的交(或积)，记为$A\cap B$(或AB)(图 1-3 中的阴影部分). 因此，事件的交可以描述为：当且仅当事件A，B同时发生时，事件$A\cap B$发生. 即

$$A\cap B=\{A\text{ 发生且 }B\text{ 发生}\}.$$

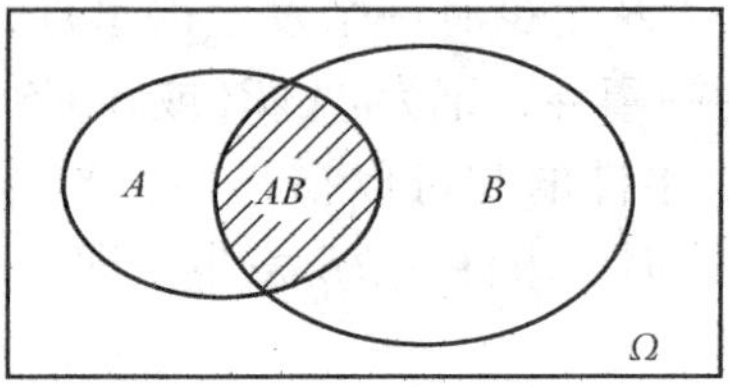

图 1-3

例如，甲、乙两战士向同一目标射击，设$A=\{$甲击中目标$\}$，$B=\{$乙击中目标$\}$，$D=\{$甲乙都击中目标$\}$，则$D=A\cap B$.

再如，投掷一枚骰子，设$A=\{$出现奇数点$\}$，$B=\{$出现点数不超过 4$\}$，则$A\cap B=\{$出现点数 1 或 3$\}$.

不难得出：

(1) $(A\cap B)\subset A$，$(A\cap B)\subset B$；

(2) 若$A\subset B$，则$A\cap B=A$；

(3) $A\cap\Omega=A$，$A\cap\varnothing=\varnothing$，$A\cap A=A$.

若事件C表示n个事件$A_1,A_2,\cdots,A_n$的积事件，则

$$C=A_1\cap A_2\cap\cdots\cap A_n=\bigcap_{i=1}^{n}A_i.$$

4. 差事件

事件A发生而事件B不发生的事件，称为**事件A与事件B的差事件**，记为$A-B$(图 1-4 中的阴影部分).

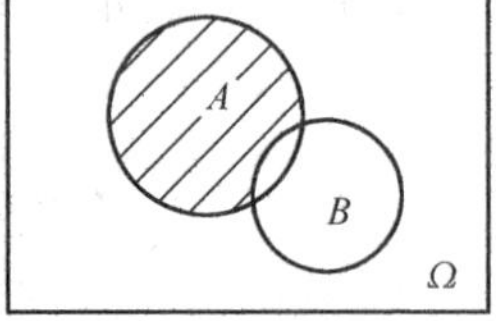

图 1-4

例如，投掷一枚骰子，设$A=\{$出

现奇数点}，$B=\{$出现点数不超过4}，则 $A-B=\{$出现点数5}.

5. 互不相容(互斥)事件

若事件 A 与事件 B 不能同时发生，即 $AB=\varnothing$，则称事件 A 与事件 B 是**互不相容事件**(或称**互斥事件**)，如图1-5所示，图中的事件 A 与事件 B 是互不相容的.

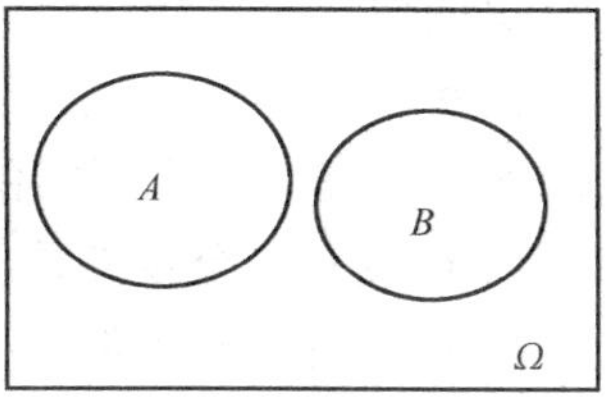

图　1-5

例如，掷一枚硬币，设 $A=$ {正面向上}，$B=$ {反面向上}，显然在一次试验中，A 与 B 不能同时发生，即事件 A 与事件 B 为互不相容事件.

任何两个基本事件都是互不相容事件.

6. 互逆(对立)事件

若两事件 A、B 满足 $A\cup B=\Omega$，且 $AB=\varnothing$，则称**事件 A 与事件 B 为互逆事件**(或**对立事件**)，记为 $\overline{A}=B$ 或 $\overline{B}=A$. 如图1-6所示，图中的阴影部分表示事件 A 的逆事件.

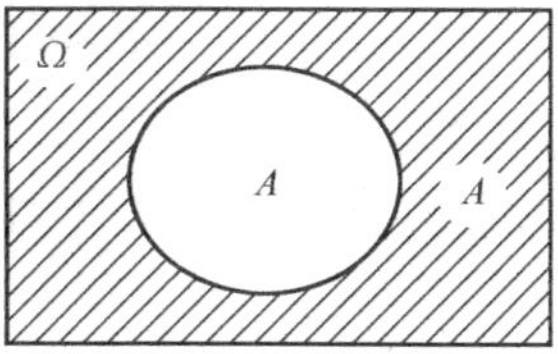

图　1-6

例如，在投掷硬币的试验中，设 $A=$ {正面向上}，则 $\overline{A}=$ {正面向下}.

根据互逆事件的定义，可以得到：

$A\cap\overline{A}=\varnothing$，$A\cup\overline{A}=\Omega$，$\overline{\overline{A}}=A$，$A-B=A\overline{B}$.

对于事件的运算，满足下列运算定律：

交换律：$A\cup B=B\cup A$，$A\cap B=B\cap A$；

结合律：$(A\cup B)\cup C=A\cup(B\cup C)$，

$$(A\cap B)\cap C=A\cap(B\cap C);$$

分配律：$A\cap(B\cup C)=(A\cap B)\cup(A\cap C)$，$A\cup(B\cap C)=(A\cup B)\cap(A\cup C)$；

反演律：$\overline{A\cup B}=\overline{A}\cap\overline{B}$，$\overline{A\cap B}=\overline{A}\cup\overline{B}$.

例 4 设一个工人生产了三个零件，记 $A_i=$ “第 $i(i=1,2,3)$ 个零件是正品”，试用 $A_i(i=1,2,3)$ 表示下列事件：

（1）没有一个零件是次品；

（2）只有一个零件是正品；

（3）恰有一个零件是次品；

（4）至少有一个零件是次品.

解 （1）“没有一个零件是次品”，即“全是正品”，可表示为：$A_1A_2A_3$；

（2）“只有一个零件是正品”表示为：$A_1\overline{A_2A_3}\cup\overline{A_1}A_2\overline{A_3}\cup\overline{A_1}\,\overline{A_2}A_3$；

（3）“恰有一个零件是次品”表示为：$\overline{A_1}A_2A_3\cup A_1\overline{A_2}A_3\cup A_1A_2\overline{A_3}$；

（4）“至少有一个是次品”表示为：$\overline{A_1}\cup\overline{A_2}\cup\overline{A_3}$或$\overline{A_1A_2A_3}$.

习题 1-1

1. 指出下列各事件之间的关系.

（1）10 件产品全是合格品与 10 件产品中只有 1 件废品；

（2）10 件产品全是合格品与 10 件产品中至少有 1 件废品.

2. 写出下列试验的样本空间.

（1）从 A，B，C，D 四位学生中，推选代表参加数学竞赛：

1）推选其中三位，参加学校组织的竞赛；

2）推选其中两位，一位参加省级竞赛，另一位参加全国竞赛.

（2）从盛有三个红球、两个白球的口袋中任取两球.

(3) 实测某种型号灯泡的寿命.

3. 设 A, B, C, D 表示四个事件，试用它们表示下列事件：

(1) 四个事件都不发生；
(2) 四个事件恰有一个发生；
(3) 四个事件中至少有一个发生；
(4) 四个事件中至多有一个发生.

第二节 随机事件的概率

一、概率的统计性定义

概率论研究的是随机现象的统计规律性. 在随机试验中，不仅要关心可能出现哪些随机事件，更关心的是随机事件发生的可能性大小，因为这对人们进行预测判断更有价值. 虽然随机事件的发生具有偶然性，但随机事件发生的可能性大小是客观存在的. 从数学角度，希望能找到一个数，来刻画随机事件发生可能性大小这一客观事实，这个数称为随机事件发生的**概率**.

在随机试验中，虽然随机事件的发生具有偶然性，但在大量重复试验中，可以发现它们的发生具有某种规律性. 有的事件发生的可能性大些，有的事件发生的可能性小些. 为研究事件在一次试验中发生的可能性究竟有多大，下面引入事件发生的频率的概念.

在一定条件下，设事件 A 在 n 次重复试验中发生 $k(0\leqslant k\leqslant n)$ 次，比值 $\frac{k}{n}$ 称为事件 A 在 n 次试验中发生的**频率**.

历史上著名的统计学家蒲丰(Buffon)、皮尔逊(Pearson)和数学家维尼(Wein)曾进行过大量掷硬币的试验，所得结果列表如下：

试 验 者	掷 币 次 数	出现正面的次数	出现正面的频率
蒲丰	4040	2048	0.5069
皮尔逊	24000	12012	0.5005
维尼	30000	14994	0.4998

从上表可以看出，虽然抛掷硬币的次数不同，正面向上的频率数也有变化，但在多次的重复投掷中，这一事件的频率(比值)却稳定在常数0.5附近，这个数值与人们的分析推测结果吻合，并且随试验次数的增加，这种一致性越来越好. 该例子所反映的现象具有一般性——频率稳定性. 频率稳定在某一常数附近的现象称为**频率的稳定性**. 它表明频率稳定于某一固定值是事件本身客观存在的一种固有的属性. 因此，可用这个常数对事件发生的可能性大小进行度量.

定义1(概率的统计定义) 在相同条件下的大量重复试验中，事件 A 发生的频率总是稳定在一个确定的常数 p 附近，这个常数 p 称为事件 A 发生的**概率**，记为 $P(A)$，即

$$P(A)=p.$$

事件发生的频率和概率是两个不同的概念，既有区别又有紧密的联系. 事件的频率是试验后的统计结果，具有现实性、随机性和实证性；而事件的概率是事件未发生时的估计和预测，具有主观性、期望性和理论性，但它们又具有不可违背的一致性和趋同性.

一般来说，在试验次数相当大时，事件 A 发生的频率逐渐地逼近于事件 A 的概率，即

$$P(A)\approx\frac{k}{n}.$$

例1 为实验炮弹在正常条件下的合格率，对100000发

炮弹中的100发炮弹进行发射试验，结果有90发炮弹正常，合格的频率为$\frac{90}{100}=0.9$，因此，可以认为该批炮弹的合格率基本在0.9左右，即任意从中抽取一发炮弹，能正常发射的可能性为0.9.

由概率的定义，不难验证事件的概率具有下列性质：

(1) $0\leqslant P(A)\leqslant 1$;

(2) $P(\Omega)=1$;

(3) $P(\varnothing)=0$;

(4) 若$A\subset B$，则$P(A)\leqslant P(B)$;

(5) $P(A)=1-P(\bar{A})$.

二、概率的古典定义

按概率的统计性定义求概率，即用频率来确定概率往往是很困难的，甚至是不现实的. 事实上，很多随机现象不需要进行试验或观察，根据所讨论事件的特点就可直接计算事件的概率，而且与事实完全一致，甚至比试验更加精确和可信. 例如，抛掷骰子的随机试验中，$A_i=\{$出现点数为$i\}$ $(i=1,2,3,4,5,6)$是随机试验的6个基本事件，由于骰子的对称性，出现各个基本事件的可能性相同，都为$\frac{1}{6}$，这个结果是可信的，没有人会怀疑的. 这种计算方法就叫做概率的古典概型方法.

一般地，具备下面两个特点的随机试验的数学模型称为**古典概型**：

(1) 有限性——样本空间的元素(基本事件)只有有限个，即$\Omega=\{\omega_1,\omega_2,\omega_3,\cdots,\omega_n\}$;

(2) 等可能性——每一个基本事件发生的可能性都相同，即

$$P(\omega_1)=P(\omega_2)=P(\omega_3)=\cdots=P(\omega_n)=\frac{1}{n}.$$

定义 2(概率的古典定义)　在古典概型中，如果试验的基本事件总数为 n，而事件 A 由 $m(m\leqslant n)$ 个基本事件组成，则比值$\frac{m}{n}$称为事件 A 发生的**概率**，记为

$$P(A)=\frac{\text{事件}A\text{包含的基本事件数}}{\text{基本事件总数}}=\frac{m}{n}. \tag{1-1}$$

根据定义，要计算古典概型中事件 A 的概率，必须搞清楚样本空间和事件 A 包含的基本事件数.

例 2　先后抛掷两枚均匀的硬币，求出现一个正面一个背面的概率.

解　试验的样本空间 $\Omega=\{$(正、正),(正、背),(背、正),(背、背)$\}$，设 A 表示出现"一个正面、一个背面"，则事件 A 包含两个基本事件(正、背)、(背、正)，所以

$$P(A)=\frac{2}{4}=\frac{1}{2}.$$

例 3　袋中有 5 个白球 3 个黑球，从中任取 2 个球，求

(1) 取到 2 个白球的概率；

(2) 取到 1 个白球 1 个黑球的概率；

(3) 至少取到 1 个黑球的概率.

解　(1) 设 A 表示"取到 2 个白球"，则 $P(A)=\frac{C_5^2}{C_8^2}=\frac{5}{14}.$

(2) 设 B 表示"取到 1 个白球和 1 个黑球"，则 $P(B)=\frac{C_5^1C_3^1}{C_8^2}=\frac{15}{28}.$

(3) 设 C 表示"至少取到 1 个黑球"，它包括"恰好取到

1 个黑球”和“恰好取到 2 个黑球”两个事件，则 $P(C)=\frac{C_5^1C_3^1+C_5^0C_3^2}{C_8^2}=\frac{9}{14}$.

这实际就是不放回抽样的产品检验问题.

例 4　两封信随机的向四个邮筒投寄，求

(1) 第二个邮筒只投入一封信的概率；

(2) 前两个邮筒各有一封信的概率.

解　两封信随机的投入四个邮筒，共有 $4\times4=16$ 中可能投法.

(1) 设 A 表示“第二个邮筒只投入一封信”，则 $P(A)=\frac{C_2^1C_3^1}{16}=\frac{3}{8}$.

(2) 设 B 表示“前两个邮筒内各有一封信”，则 $P(B)=\frac{2}{16}=\frac{1}{8}$.

习题　1-2

1. 交通指挥站每分钟开启绿灯、黄灯、红灯的时间分别是 35s、5s、20s，求出现绿灯、黄灯、红灯的概率.

2. 从 52 张扑克牌中任取 4 张，求：

(1) 4 张牌花色都不相同的概率；

(2) 4 张牌中有 3 张 A，1 张 K 的概率.

3. 已知 10 件同类零件，其中 3 件是次品，从中任取 4 件. 试求下列事件的概率：

(1) 恰有 2 件是次品；　　(2) 4 件全是次品；

(3) 4 件全是正品；　　(4) 至少有 1 件是正品.

4. 把数字 1、2、3、4、5 分别写在五张小纸片上，从中任取三张，组成一个三位数. 试求下列事件的概率：

（1）三位数为奇数；（2）三位数为 5 的倍数；

（3）三位数为 3 的倍数；（4）三位数小于 350.

5. 从 0、1、2、3、…、9 这 10 个数字中，有放回地任取 6 个. 试求下列事件的概率：

（1）6 个数字全不同；

（2）6 个数字中不含 3、6、9；

（3）5 在 6 个数字中恰好出现两次；

（4）5 在 6 个数字中至少出现一次.

第三节 概率的加法与乘法公式

一、概率的加法公式

1. 互斥事件的加法公式

如果事件 A、B 互斥，那么它们并事件的概率等于这两个事件概率之和. 即

$$P(A\cup B)=P(A)+P(B) \text{或} P(A+B)=P(A)+P(B) \tag{1-2}$$

设试验模型是古典概型，基本事件总数为 n，其中事件 A 含有 m_A 个基本事件，事件 B 含有 m_B 个基本事件. 由于事件 A、B 互斥，事件 $A\cup B$ 包含有 m_A+m_B 个基本事件，由定义得

$$P(A)=\frac{m_A}{n},\ P(B)=\frac{m_B}{n},\ P(A\cup B)=\frac{m_A+m_B}{n},$$

所以 $$P(A\cup B)=P(A)+P(B).$$

这一性质可以推广到有限多个互不相容事件的情形. 设 $A_1,A_2,\cdots,A_n$ 为 n 个两两互斥事件，则

$$P(A_1\cup A_2\cup\cdots\cup A_n)=P(A_1)+P(A_2)+\cdots+P(A_n) \tag{1-3}$$

特别地，由 $P(\Omega)=P(A\cup\overline{A})=P(A)+P(\overline{A})=1$，得

$$P(\overline{A})=1-P(A) \quad \text{或} \quad P(A)=1-P(\overline{A}). \tag{1-4}$$

例 1 一批产品共有 20 个，其中 16 个正品，4 个次品，从这批产品中任取 3 个，求其中至少有一件次品的概率.

解 设 A = “取出的三件产品中至少有一件次品”，A_i = “取出的 3 件产品中恰有 i 件次品”（$i=1,2,3$），则有 $A=A_1\cup A_2\cup A_3$，且 A_1，A_2，A_3 互不相容. 由古典定义，得

$$P(A_1)=\frac{C_4^1C_{16}^2}{C_{20}^3}\approx 0.4211,\quad P(A_2)=\frac{C_4^2C_{16}^1}{C_{20}^3}\approx 0.0842,$$

$$P(A_3)=\frac{C_4^3}{C_{20}^3}\approx 0.0035.$$

$$P(A)=P(A_1\cup A_2\cup A_3)=P(A_1)+P(A_2)+P(A_3)$$
$$\approx 0.4211+0.0842+0.0035=0.5088.$$

2. 任意事件的加法公式

对任意两个事件 A 与 B，有

$$P(A\cup B)=P(A)+P(B)-P(AB). \tag{1-5}$$

我们用图示法来说明这个公式. 如图 1-7 所示，任一事件的概率可以用它在 Ω 内占有区域面积的大小来表示. 图形 $A\cup B$ 的面积是图形 A 的面积与图形 B 的面积之和减去图形 AB 部分的面积.

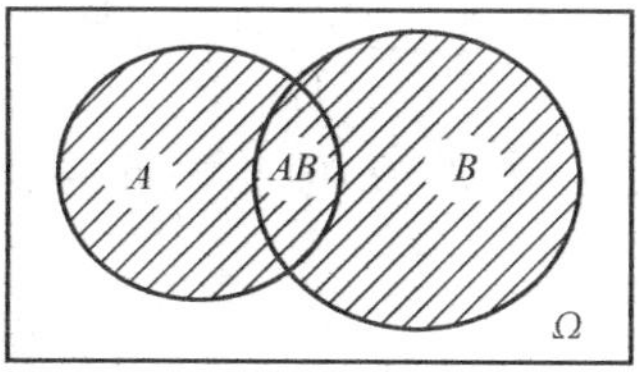

图 1-7

公式(1-5)称为概率的加法公式.

例 2 袋中有 20 个球，其中 3 个白球，17 个黑球，从中

任取3个，求：

(1) 没有白球的概率；

(2) 恰有1个白球的概率；

(3) 至多有1个白球的概率；

(4) 至少有1个白球的概率.

解 (1) 设A表示“任取3个球没有白球”，则

$$P(A)=\frac{C_{17}^{3}}{C_{20}^{3}}=\frac{34}{57}.$$

(2) 设B表示“任取3个球中恰有1个白球”，则

$$P(B)=\frac{C_{3}^{1}C_{17}^{2}}{C_{20}^{3}}=\frac{34}{95}.$$

(3) 设C表示“任取3个球中至多有1个白球”，$C=A\cup B$，则

$$P(C)=P(A\cup B)=\frac{34}{57}+\frac{34}{95}=\frac{5168}{5415}$$

(4) 设D表示“任取3个球中至少有1个白球”，那就包括取到的有1个或2个或3个白球的情况，其概率就是取到1个、2个、3个白球的概率之和，

$$P(D)=\frac{C_{3}^{1}C_{17}^{2}+C_{3}^{2}C_{17}^{1}+C_{3}^{3}C_{17}^{0}}{C_{20}^{3}}=\frac{23}{57}.$$

也可这样考虑：事件D的对立事件就是“没有取到白球”，即事件$\overline{A}$，则

$$P(D)=P(\overline{A})=1-P(A)=1-\frac{34}{57}=\frac{23}{57}.$$

例3 求从所有两位数中任意选一个能被2或3整除的概率.

解 设A表示“能被2整除的两位数”，B表示“能被3

整除的两位数”，数字中有一部分既能被2整除也能被3整除，即是AB.

$$P(A\cup B)=P(A)+P(B)-P(AB)=\frac{1}{2}+\frac{1}{3}-\frac{1}{6}=\frac{2}{3}.$$

二、条件概率公式

随机事件的发生都有一定的随机性和关联性，有时不只是简单的求某一事件发生的概率，还可能有进一步的条件要求：即在某一个相关事件已经发生的前提下另一随机事件发生的概率.

定义1 设A、B是两个随机事件，且$P(B)>0$，在事件B已发生条件下事件A发生的概率，称为事件A对事件B的**条件概率**，记为$P(A\mid B)$. 且有

$$P(A\mid B)=\frac{P(AB)}{P(B)} \tag{1-6}$$

下面以古典概型为例给以解释.

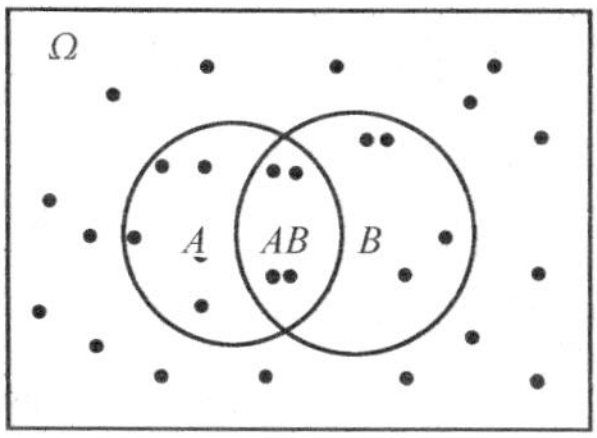

图 1-8

如图1-8所示，设基本事件总数为n，其中事件B包含了k个基本事件，就是新的基本事件总数. 事件AB包含了r个基本事件，也就是B发生后A发生的基本事件个数，从而

$$P(A\mid B)=\frac{r}{k}=\frac{r/n}{k/n}=\frac{P(AB)}{P(B)}.$$

同理，当$P(A)>0$时，可得

$$P(B\mid A)=\frac{P(AB)}{P(A)}. \tag{1-7}$$

例4 经统计，某地区人的寿命达到60岁的概率为0.8，达到70岁的概率为0.65，求60岁的人中生命能超过70岁的概率.

解 设A表示“寿命达到60岁”，B表示“寿命达到70

岁以上”，显然，$B\subset A$，所以，$AB=B$. 于是

$$P(B\mid A)=\frac{P(AB)}{P(A)}=\frac{0.65}{0.8}=\frac{13}{16}\approx 0.8.$$

例5 100件产品中有96件正品，其中一级品70件，现从中任取1件，求：

(1) 取到的是正品的概率；

(2) 在取得正品的前提下，是一级品的概率.

解 设B表示“取得正品”，A表示“取得一级品”，则$AB=A$.

(1) $P(B)=\frac{96}{100}=\frac{24}{25}$.

(2) $P(AB)=\frac{70}{100}=\frac{7}{10}$，$P(A\mid B)=\frac{P(AB)}{P(B)}=\frac{35}{48}$.

三、概率的乘法公式

由条件概率计算公式，可直接推得**概率的乘法公式**：

$$P(AB)=P(A)P(B\mid A)=P(B)P(A\mid B). \tag{1-8}$$

这就是说，两个事件积的概率等于其中一个事件的概率乘以该事件发生的条件下另一事件的概率.

公式(1-8)可以推广到若干个事件积的情形：

$$P(A_1A_2\cdots A_n)=P(A_1)P(A_2\mid A_1)P(A_3\mid A_1A_2)\cdots P(A_n\mid A_1A_2\cdots A_{n-1}) \tag{1-9}$$

例6 讨论抓阄的公平性. 设有10个阄中只有一个物阄，10个人不论先后顺序抓阄，每人只能抓一次、一个阄，试讨论其结果与顺序无关.

解 设A_i表示第$i(i=1,2,\cdots,10)$个人抓到物阄，则第一个人抓到物阄的概率

$$P(A_1)=\frac{1}{10};$$

第二个人只有在第一个人没抓住的情况下才有可能抓住到物阄，即

$$P(A_2)=P(\overline{A_1}A_2)=P(\overline{A_1})P(A_2\mid\overline{A_1})=\frac{9}{10}\cdot\frac{1}{9}=\frac{1}{10};$$

第三个人只有在前两个人没有抓到的情况下才有可能抓到物阄

$$\begin{aligned}P(A_3)&=P(A_3\overline{A_1}\,\overline{A_2})=P(\overline{A_1}\,\overline{A_2})P(A_3\mid\overline{A_1}\,\overline{A_2})\\&=P(\overline{A_1})P(\overline{A_2}\mid\overline{A_1})P(A_3\mid\overline{A_1}\,\overline{A_2})=\frac{9}{10}\cdot\frac{8}{9}\cdot\frac{1}{8}=\frac{1}{10}.\end{aligned}$$

……

可见，每个人抓到“阄”字的概率都是$\frac{1}{10}$，先抓与后抓没有区别，这就是公平的抽签原理.

例 7 假设在空战中，甲机先发现乙机并向乙机开火，由于距离较远，击落乙机的概率是 0.6；若乙机未被击落而进行还击，击落甲机的概率为 0.7；当甲机未被击落再次进攻乙机时，击落乙机的概率为 0.8，在这几个回合中，分别计算甲、乙被击落的概率.

解 设 A 表示“甲机击落乙机”，A_1、A_2 分别表示甲机第一、二次击落乙机，则 $A=A_1\cup A_2$，B 表示“乙机击落甲机”. 根据题意，得

$$P(A_1)=0.6,\ P(B\mid\overline{A_1})=0.7,\ P(A_2\mid\overline{A_1}\,\overline{B})=0.8.$$

根据公式(1-9)得

$$P(B)=P(\overline{A_1}B)=P(\overline{A_1})P(B\mid\overline{A_1})=0.4\times0.7=0.28.$$

$$\begin{aligned}P(A_2)&=P(\overline{A_1}\,\overline{B}A_2)=P(\overline{A_1})P(\overline{B}\mid\overline{A_1})P(A_2\mid\overline{A_1}\,\overline{B})\\&=0.4\times0.3\times0.8=0.096.\end{aligned}$$

$$P(A)=P(A_1\cup A_2)=P(A_1)+P(A_2)=0.6+0.096=0.696.$$

由此看到，先敌发现、先敌开火、抓住战机的重要性.

习题 1-3

1. 有三个人，每个人都以同等的可能被分配到四个房间中的每一间，求：

（1）三个人被分配到同一个房间的概率；

（2）三个人被分配到不同房间的概率.

2. 口袋内装有两个五分、三个二分、五个一分的硬币，任意取出五个，求总数超过一角的概率.

3. 一间宿舍内住有6位同学，求他们中有4个人的生日在同一月份的概率.

4. 某公司组织英语和计算机两个培训班，40名职工中有20名参加英语班，16名参加计算机班，同时参加两个班学习的有8名职工，在该公司中任选一名职工，问他是参加培训班学习的职工的概率是多少？

5. 某商品，甲厂的市场占有率为65%，乙厂的市场占有率为35%，已知甲厂产品的合格率为95%，乙厂产品的合格率为93%，求在市场上买到甲厂生产的合格品的概率及乙厂生产的合格品的概率.

6. 袋中有10个球，其中3个白球，7个红球，每次任取1个，不放回的取两次，求：

（1）两次都取到白球的概率；

（2）两次取出的球颜色不同的概率.

7. 甲、乙两班共70名学员，其中女学员40名，又知甲班有30名学员，女学员有15名，问碰到甲班学员时，恰好是女学员的概率.

8. 某厂产品中有4%的废品，而合格品中有75%是一级品，求任取一件产品为一级品的概率.

第四节 全概率公式及事件的独立性

一、全概率公式

先看下面的例子.

例 1 市场上供应的灯泡中，甲厂产品占 70%，乙厂产品占 30%．甲厂产品的合格率为 95%，乙厂产品的合格率为 80%．求市场上灯泡的合格率.

解 设 $A=$ “甲厂的产品”，$B=$ “产品为合格品”，则 $\overline{A}=$ “非甲厂的产品”，即 $\overline{A}=$ “乙厂的产品”．由于 $B=AB+\overline{A}B$，并且 AB 与 $\overline{A}B$ 互不相容，于是

$$P(B)=P(AB+\overline{A}B)=P(AB)+P(\overline{A}B)$$

$$P(A)P(B\mid A)+P(\overline{A})P(B\mid\overline{A})=\frac{70}{100}\cdot\frac{95}{100}+\frac{30}{100}\cdot\frac{80}{100}=0.905.$$

从形式上看事件 B 是比较复杂的，仅仅使用加法公式或乘法公式无法计算其概率．于是将复杂事件 B 分解为较简单事件 AB 与 $\overline{A}B$，再将加法公式或乘法公式结合起来，计算出所要求的概率.

全概率公式 设 $H_1,H_2,\cdots,H_n$ 是一个两两互不相容的事件空间中的基本事件组，它们的并是必然事件，即 $H_1\cup H_2\cup\cdots\cup H_n=\Omega$，则对任一事件 A，有

$$\begin{aligned}P(A)&=P(H_1)P(A\mid H_1)+P(H_2)P(A\mid H_2)+\cdots+P(H_n)P(A\mid H_n)\\&=\sum_{i=1}^{n}P(H_i)P(A\mid H_i).\end{aligned}\tag{1-10}$$

全概率是指 A 发生的全部概率，事件组 $H_i(i=1,2,\cdots,n)$ 包含了导致事件 A 发生的全部“原因”.

例 2 设一个仓库中有十箱同样规格的产品，已知其中有五箱、三箱、两箱分别是甲厂、乙厂、丙厂生产的，且甲厂、乙厂、丙厂生产的产品次品率分别为 $\frac{1}{10}$，$\frac{1}{15}$，$\frac{1}{20}$．从这些产品中抽取一箱，再从该箱中抽取一件产品，求取得正品的概率.

解 设 $B_i(i=1,2,3)$ 分别表示产品是甲、乙、丙三个厂

生产的，A 表示“从中任取一件是正品”．由全概率公式

$$\begin{aligned}P(A)&=P(AB_1)+P(AB_2)+P(AB_3)\\&=P(B_1)P(A|B_1)+P(B_2)P(A|B_2)+P(B_3)P(A|B_3)\\&=\frac{5}{10}\cdot\frac{9}{10}+\frac{3}{10}\cdot\frac{14}{15}+\frac{2}{10}\cdot\frac{19}{20}=0.92.\end{aligned}$$

例 3 盒中放有 12 个乒乓球，其中有 9 个是新的．第一次比赛时，从中任取 3 个来用，比赛后仍放回盒中，第二次比赛仍从盒中任取 3 个球，求第二次取出的球都是新球的概率．

解 设 A = “第二次取出的球都是新球”，第二次取出的新球个数与第一次取出的新球个数有关，设 B_i = “第一次取出了 i 个新球”（$i=0,1,2,3$）．显然，B_0，B_1，B_2，B_3 互不相容，且 $B_0\cup B_1\cup B_2\cup B_3=\Omega$，所以，

$$\begin{aligned}P(A)&=P(B_0)P(A|B_0)+P(B_1)P(A|B_1)+\\&\quad P(B_2)P(A|B_2)+P(B_3)P(A|B_3)\\&=\frac{C_9^0C_3^3}{C_{12}^3}\cdot\frac{C_9^3}{C_{12}^3}+\frac{C_9^1C_3^2}{C_{12}^3}\cdot\frac{C_8^3}{C_{12}^3}+\frac{C_9^2C_3^1}{C_{12}^3}\cdot\frac{C_7^3}{C_{12}^3}+\frac{C_9^3C_3^0}{C_{12}^3}\cdot\frac{C_6^3}{C_{12}^3}\\&=\frac{84+1512+3780+1680}{220^2}=0.1458.\end{aligned}$$

二、事件的独立性

前面我们知道，有时某一事件发生的概率与该事件在另一事件发生的前提下发生的概率是不一样的，即 $P(A)\neq P(A|B)$．但在实践中还有这样的情况，事件 A 发生的可能性不受事件 B 发生与否的影响，即 $P(A)=P(A|B)$．例如，连续两次投掷一枚硬币，“第一次出现正面”与“第二次出现正面”这两个事件中任何一个发生与否，都不影响另一个发生的可能性，这就是事件的独立性问题．

定义 1 如果事件 A 发生的概率不受事件 B 发生与否影

响，即 $P(A|B)=P(A)$，则称**事件 A 对事件 B 是独立的**.

显然，若事件 A 对于事件 B 独立，则事件 B 对于事件 A 也一定独立，亦即事件 A 与事件 B 相互独立.

如果 $n(n>2)$ 个事件 $A_1,A_2,\cdots,A_n$ 中，任何一个事件发生的可能性都不受其他任何 $k(1\leqslant k<n)$ 个事件发生与否的影响，则称 $A_1,A_2,\cdots,A_n$ **相互独立**.

关于事件的独立性，有以下几个命题成立：

（1）事件 A 与 B 独立的充要条件是

$$P(AB)=P(A)P(B).$$

（2）若事件 A 与 B 相互独立，则 A 与 $\overline{B}$、B 与 $\overline{A}$、$\overline{A}$ 与 $\overline{B}$ 中的每一对事件都相互独立.

（3）若事件 $A_1,A_2,\cdots,A_n$ 相互独立，则有

$$P(A_1A_2\cdots A_n)=P(A_1)P(A_2)\cdots P(A_n)=\prod_{i=1}^{n}P(A_i) \tag{1-11}$$

这就是说，有限个相互独立事件的积事件的概率等于这些事件概率的乘积.

例 4　甲、乙两人独立地向同一目标射击，击中目标的概率分别是 0.9 和 0.8，求在一次射击中：(1)两人都击中目标的概率；(2)甲击中乙未击中的概率；(3)目标被击中的概率.

解　设 $A=$ “甲击中目标”，$B=$ “乙击中目标”，则 A 与 B 相互独立，且 $P(A)=0.9$，$P(B)=0.8$. 因此

（1）$P(AB)=P(A)P(B)=0.9\times0.8=0.72$；

（2）$P(A\overline{B})=P(A)P(\overline{B})=0.9\times0.2=0.18$；

（3）$P(A\cup B)=P(A)+P(B)-P(AB)=0.9+0.8-0.72=0.98$.

例 5　一元件能正常工作的概率称为该元件的可信度，由

元件组成的系统能正常工作的概率成为该系统的可信度. 设构成系统的每个元件的可信度均为 $r(0<r<1)$, 而各个元件能否正常工作是相互独立的, 试求:

(1) 由 3 个元件组成的串联系统的可信度;

(2) 由 3 个元件组成的并联系统的可信度.

解 设 $A_i=$ "第 i 个元件能正常工作" $(i=1,2,3)$, $A=$ "串联系统能正常工作", $B=$ "并联系统能正常工作". 显然, A_1, A_2, A_3 相互独立.

(1) $P(A)=P(A_1A_2A_3)=P(A_1)P(A_2)P(A_3)=r^3$.

(2) $B=A_1\cup A_2\cup A_3$, $\overline{B}=\overline{A_1\cup A_2\cup A_3}=\overline{A_1}\,\overline{A_2}\,\overline{A_3}$.

$$P(B)=1-P(\overline{B})=1-P(\overline{A_1}\,\overline{A_2}\,\overline{A_3})=1-P(\overline{A_1})P(\overline{A_2})P(\overline{A_3})$$
$$=1-(1-r)^3=3r-3r^2+r^3.$$

若 $r=0.9$ 时, 则 $P(A)=0.729$, $P(B)=0.999$, 并联的可信度说明这时几乎不会出现故障.

三、独立重复试验及伯努利概型

在相同条件下重复多次作一种试验, 若每次结果发生的概率不受其他各次试验结果的影响, 则称这种重复试验为**独立重复试验**, 这种试验的概率计算模型就叫做**独立重复试验概型**. 其中有一种情形, 其特点是, 在相同条件下进行 n 次独立重复试验, 每次试验只有两种相互对立的结果发生, 即 A 或 $\overline{A}$, 若 $P(A)=p$, 则 $P(\overline{A})=1-p=q(0<p<1)$, 称这 n 次独立重复试验为**二项概型**, 又称**伯努利(Bernoulli)概型**.

例 6 某射手对同一目标进行三次独立射击, 每次命中目标的概率为 p, 不中的概率为 q. 求三次射击恰好命中两次的概率.

解 设 $A=\{$射击一次,命中目标$\}$, 则 $P(A)=p$, $P(\overline{A})=$

$q=1-p$，又设 $A_i=\{$第 i 次命中目标$\}(i=1,2,3)$，$B=\{$三次射击恰好命中两次$\}$. 则

$$B=(A_1A_2\overline{A_3})\cup(A_1\overline{A_2}A_3)\cup(\overline{A_1}A_2A_3).$$

而

$$P(A_1A_2\overline{A_3})=P(A_1)P(A_2)P(\overline{A_3})=p\cdot p\cdot(1-p)=p^2q,$$

同理可得

$$P(A_1\overline{A_2}A_3)=P(\overline{A_1}A_2A_3)=p^2q.$$

所以

$$P(B)=P(A_1A_2\overline{A_3})+P(A_1\overline{A_2}A_3)+P(\overline{A_1}A_2A_3)=3p^2q=C_3^2p^2q.$$

一般地，在 n 次独立试验概型中，若 $P(A)=p$(即在一次试验中,事件 A 发生的概率为 p)，那么在 n 次试验中事件 A 恰好发生 k 次的概率为

$$P_n(k)=C_n^kp^kq^{n-k}(k=0,1,2,\cdots,n). \qquad (1\text{-}12)$$

例 7 从一批由 9 件正品、3 件次品组成的产品中，有放回地抽取 5 次，每次抽 1 件，求其中恰有 2 件次品的概率.

解 本题为伯努利概型，其中 $n=5$，$p=\frac{3}{12}=\frac{1}{4}$，$q=1-p=\frac{9}{12}=\frac{3}{4}$. 于是

$$P_5(2)=C_5^2\left(\frac{3}{12}\right)^2\left(\frac{9}{12}\right)^3=10\cdot\frac{1}{16}\cdot\frac{27}{64}\approx 0.264.$$

习题 1-4

1. 一工人看管三台机床，在一小时内甲、乙、丙三台机床需要工人照看的概率分别是 0.9、0.8 和 0.85，求在一小时内：

(1) 没有一台机床需要照看的概率；

(2) 至少有一台需要照看的概率.

2. 某工厂有甲、乙、丙三个车间，它们生产同一种螺钉，其产量分

别占总量的25%、35%、40%. 每个车间的产品中，次品分别占5%、4%、2%，现从全部螺钉中任取一个，求恰为次品的概率.

3. 已知甲袋中有3个白球和2个红球，乙袋中有2个白球和3个红球，先从甲袋中任取一球放入乙袋，再从乙袋中任取一球放入甲袋，求：

(1) 甲袋中红球数增加的概率；

(2) 甲袋中红球数不变的概率.

4. 在乒乓球比赛中，甲每局取胜的概率为0.6，求甲三局两胜的概率.

5. 灯泡使用寿命在1000h以上的概率为0.3，求3只灯泡在使用1000h后最多只有一只损坏的概率.

6. 某机构有一个5人组成的顾问小组，若每个顾问贡献正确意见的百分比是0.7. 现在该机构对某事可行与否征求意见，按少数服从多数的原则，求做出正确决策的概率.

第五节 随机变量及其分布

一、随机变量的概念

通过对随机事件及其概率的研究，使人们对随机现象的统计规律性有了初步的认识. 为了深入、全面地研究随机现象的统计规律性，需要把这些现象的结果数量化. 其实在随机试验中，有很多试验的结果直接表现为数量. 例如，一次射击中命中的环数；在产品检验中，抽出的废品数；在销售产品时的销售量；测量时的误差等等. 有些试验的结果，虽然不表现为数量，但可以采用适当的方法，使它们数量化. 例如，抛掷一枚均匀的硬币，结果有两种："正面向上"和"反面向上"，虽不表现为数量，但如果将正面向上记为"1"，反面向上记为"0"，则试验的结果就数量化了.

由于随机因素的作用，试验的结果有多种可能性. 我们可以建立起随机事件和数量之间的对应关系.

定义 1 如果随机试验的每一个可能结果都唯一对应着一个实数 ξ，并且 ξ 又是随着实验结果的不同而变化的一个变量，则我们称该变量为**随机变量**. 随机变量通常用大写字母 $X,Y,Z,\cdots$ 或希腊字母 $\xi,\eta,\zeta\cdots$ 表示，其值可以用小写字母 $x,y,z\cdots$ 表示.

例 1 某电话总机在一天内接到的呼叫次数记为 μ，它是一个随机变量，可能取值为 $0,1,2,\cdots$.

例 2 某公共汽车站每隔 5 分钟有一辆汽车通过，一位乘客对于汽车通过该站的时间完全不知道，他在任一时刻到达车站都是等可能的，那么他的候车时间 X 是一个随机变量，它可以取区间 $[0,5]$ 内的一切实数，即 $X\in[0,5]$.

研究随机变量的目的有两个：一是随机变量可能取哪些值；二是它以多大的概率取这些值. 按照随机变量的取值情况，可以把随机变量分为两大类：

（1）**离散型随机变量**：只可能取有限个或可列无限个值. 如例 1 中的 μ 是离散型随机变量.

（2）**非离散型随机变量**：可以在整个数轴上取值，或至少有一部分值取某实数区间的全部值.

非离散型随机变量情况比较复杂，其中最重要的，并且在实际中常遇到的是**连续型随机变量**.

二、离散型随机变量

1. 离散型随机变量及其分布

定义 2 离散型随机变量 X 的所有可能值 $x_k(k=1,2,3,\cdots)$ 与其对应的概率 $P(X=x_k)=p_k(k=1,2,3\cdots)$ 所组成的列表.

X	x_1	x_2	…	x_k	…
P	p_1	p_2	…	p_k	…

称为随机变量 X 的**概率分布或分布列**.

分布列清楚而完整地表示了随机变量 X 取值的情况及其概率分布. 它具有下列基本性质：

(1) $0\leqslant p_k\leqslant 1(k=1,2,\cdots)$；(2) $\sum p_k=1$.

例 3 投掷一枚骰子，求出现点数 X 的分布列.

解 X 的所有可能取值为 1 ~ 6 这六个自然数，且概率都是$\frac{1}{6}$，其分布列为

X	1	2	3	4	5	6
P	$\frac{1}{6}$	$\frac{1}{6}$	$\frac{1}{6}$	$\frac{1}{6}$	$\frac{1}{6}$	$\frac{1}{6}$

一般地，如果 X 的概率分布为 $P(X=x_k)=\frac{1}{n}(k=1,2,\cdots,n)$，则称 X 服从**离散性均匀分布**.

例 4 一批零件中有 9 个合格品和 3 个废品. 安装机器时，从这批零件中依次抽取，如果每次取出的废品不再放回去，求在取得合格品以前，已取出的废品数的概率分布.

解 设取得合格品前已取出的废品数为随机变量 ξ，则 ξ 的可能取值为 0，1，2，3. 且

$$P(\xi=0)=\frac{9}{12}=0.7500,\quad P(\xi=1)=\frac{3}{12}\cdot\frac{9}{11}=0.2045,$$

$$P(\xi=2)=\frac{3}{12}\cdot\frac{2}{11}\cdot\frac{9}{10}=0.0409,$$

$$P(\xi=3)=\frac{3}{12}\cdot\frac{2}{11}\cdot\frac{1}{10}\cdot\frac{9}{9}=0.0045.$$

所以ξ的概率分布为

X	0	1	2	3
P	0.7500	0.2045	0.0410	0.0045

2. 常见离散型随机变量的分布

(1) **两点分布** 如果随机变量X只能取两个值0和1，则称X服从**两点分布**或**0-1分布**. 其概率分布为

X	0	1
P	q	p

其中，$p+q=1$，$p>0$，$q>0$.

例5 一批产品的废品率为5%，从中任取一件进行检验，求取到合格品数ξ的分布列.

解 ξ可以取0和1两个值，"$\xi=0$"表示取到废品，"$\xi=1$"表示取到合格品. 这是两点分布，且

$$P(\xi=0)=\frac{5}{100}=0.05,\ P(\xi=1)=\frac{95}{100}=0.95.$$

ξ的分布列为

X	0	1
P	0.05	0.95

(2) **二项分布** 如果随机变量X的分布列为

$$P_n(X=k)=C_n^k p^k q^{n-k}\ (k=0,1,2,\cdots,n) \tag{1-13}$$

或

X	0	1	2	…	k	…
P	q^n	$C_n^1pq^{n-1}$	$C_n^2p^2q^{n-2}$	…	$C_n^kp^kq^{n-k}$	…

其中，$0<p<1$，$0<q<1$，$p+q=1$，则称 X 服从参数为 n，p 的**二项分布**. 简记为 $X\sim B(n,p)$.

二项分布是离散型随机变量的一种重要分布，它的实际背景是伯努利概型. 在此概型中，事件 A 在 n 次独立重复试验中发生的“次数”这一随机变量服从二项分布. 由于 $C_n^kp^kq^{n-k}$ 恰好是二项式 $(p+q)^n$ 展开式中的第 $k+1$ 项，故称 X 服从二项分布.

根据二项式定理知 $\sum\limits_{k=0}^{n}P(X=k)=\sum\limits_{k=0}^{n}C_n^kp^kq^{n-k}=(p+q)^n=1$. 易知二项分布满足分布列的两条性质.

特别地，当 $n=1$ 时，即为两点分布.

例 6 设每台机器在一分钟内需要修理的概率为 0.1，求 10 台机器在同一分钟内最多有两台需要修理的概率.

解 设 X 表示在同一分钟内需要修理的机器数，则 $X\sim B(10,0.1)$，所以，

$$P(X\leqslant 2)=P(X=0)+P(X=1)+P(X=2)$$
$$=C_{10}^0(0.1)^0(0.9)^{10}+C_{10}^1(0.1)^1(0.9)^9+C_{10}^2(0.1)^2(0.9)^8=0.9298.$$

(3) **泊松(Poisson)分布** 如果随机变量 X 的分布列为

$$P(X=k)=\frac{\lambda^k}{k!}e^{-\lambda}\quad(\lambda>0,k=0,1,2,\cdots)\qquad(1\text{-}14)$$

则称 X 服从参数为 λ 的**泊松分布**.

利用幂级数 $e^x=\sum\limits_{k=0}^{\infty}\frac{x^k}{k!}$，可以验证 $\sum\limits_{k=0}^{\infty}P(X=k)=\sum\limits_{k=0}^{\infty}\frac{\lambda^k}{k!}e^{-\lambda}=1$.

泊松分布常见于所谓的稠密性问题中，如一段时间内电话用户对电话台的呼唤次数；候车室内的旅客数；织布机上的断头数；零件制造表面上一定大小的面积内沙眼的个数等. 由于泊松分布是二项分布当 $n\to\infty$ 时的“极限分布”（证明略），所以当 n 较大，p 很小，$np<5$ 时，可以用泊松分布近似代替二项分布，其中 $\lambda=np$. 用泊松分布公式进行计算时，可直接查本书后附录中的附表2泊松分布表，这样可免去许多复杂的计算.

例7 一大批产品的废品率为 $p=0.015$，求任取一箱(有100个产品)，箱中有一个废品的概率.

解 由题意知，$n=100$，$p=0.015$，用二项分布计算，得

$$P_{100}(\xi=1)=\mathrm{C}_{100}^{1}\times0.015\times0.985^{99}\approx0.33595.$$

由于 $np=1.5<5$，所以可用泊松分布计算. 取 $\lambda=1.5$，查表得

$$P_{1.5}(1)=0.334695.$$

可以看出，按两种分布计算的结果误差不超过1%.

三、连续型随机变量

连续型随机变量的取值可以充满某个实数区间或整个数轴. 如测量时的误差、人的身高、体重等都是连续型随机变量. 由于连续型随机变量的取值不可数，因此不能用给出分布列的办法表示它的概率分布规律. 为此需要引入概率密度函数的概念.

定义3 设 X 为连续型随机变量，如果存在一个非负可积函数 $f(x)(-\infty<x<+\infty)$，使 X 落在任一区间 $[a,b]$ 上的概率为 $P(a\leqslant X\leqslant b)=\int_a^b f(x)\mathrm{d}x$，就称 $f(x)$ 为连续型随机变量 X 的**概率密度函数**(简称**分布密度**或**密度函数**).

与离散型随机变量的分布列相似，对于密度函数有以下两个性质：

（1）密度函数是非负函数，即$f(x)\geqslant 0$；

（2）$\int_{-\infty}^{+\infty}f(x)\,\mathrm{d}x=1$.

密度函数的几何意义是：

（1）分布密度曲线不在x轴的下方；

（2）分布密度曲线与x轴之间的图形面积为1.

根据定积分的几何意义，概率$P(a\leqslant X\leqslant b)$就是区间$[a,b]$上分布密度曲线$f(x)$下的曲边梯形的面积，如图1-9所示.

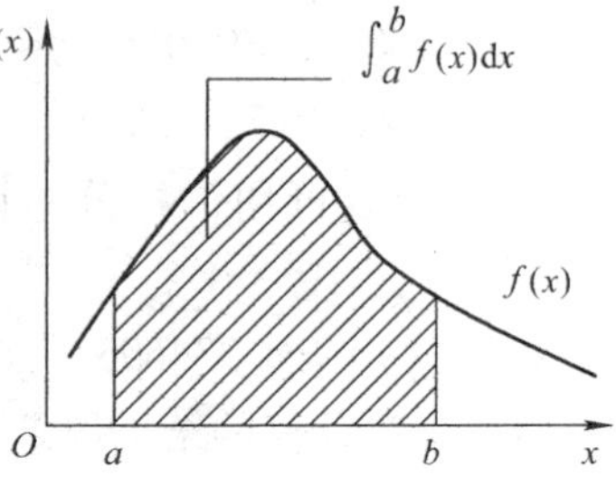

图 1-9

显然连续型随机变量在$X=x_0$点的概率$P(X=x_0)=0$. 因此，计算连续型随机变量X在某个区间上取值的概率时，可不考虑该区间是开区间还是闭区间，即有

$$P(a<X<b)=P(a<X\leqslant b)=P(a\leqslant X<b)=P(a\leqslant X\leqslant b).$$

例 8 设$f(x)=\begin{cases}k(4x-2x^2) & 0<x<2\\ 0 & \text{其他}\end{cases}$是某连续型随机变量$X$的分布密度. 求

（1）常数k；（2）$P(1<X<3)$；（3）$P(X<1)$.

解 (1) 因为$\int_{-\infty}^{+\infty} f(x)\mathrm{d}x = k\int_0^2 (4x-2x^2)\mathrm{d}x = k\left(2x^2-\frac{2}{3}x^3\right)\Bigg|_0^2$

$$=\frac{8}{3}k=1,$$

所以，$k=\frac{3}{8}$.

(2) $P(1<X<3)=\int_1^2 \frac{3}{8}(4x-2x^2)\mathrm{d}x+\int_2^3 0\mathrm{d}x=\frac{1}{2}$.

(3) $P(X<1)=P(-\infty<X<1)=\int_{-\infty}^0 0\mathrm{d}x+\int_0^1 \frac{3}{8}(4x-2x^2)\mathrm{d}x=\frac{1}{2}$.

定义 4 如果随机变量 X 的密度函数为

$$f(x)=\begin{cases}\frac{1}{b-a} & a\leqslant x\leqslant b\\ 0 & \text{其他}\end{cases}, \tag{1-15}$$

则称 X 在区间$[a,b]$上服从**均匀分布**. 这是常见的一种连续型随机变量的分布，记作 $X\sim U(a,b)$.

对于任意满足 $a\leqslant x_1\leqslant x_2\leqslant b$ 的区间$[x_1,x_2]$，有

$$P(x_1\leqslant X\leqslant x_2)=\int_{x_1}^{x_2}\frac{1}{b-a}\mathrm{d}x=\frac{x_2-x_1}{b-a}.$$

这表明，X 取值于区间$[a,b]$内任一区间$[x_1,x_2]$上的概率与该区间的长度成正比，而与该区间的具体位置无关，这就是均匀分布的概率意义.

例 9 设连续型随机变量 X 服从区间$[-a,a]$($a>0$)上的均匀分布，且已知概率 $P(X>1)=\frac{1}{3}$,求:(1) 常数 a 的值;

(2) 概率 $P\left(X<\frac{1}{2}\right)$.

解 (1) 因为，$X\sim U[-a,a]$，所以，

$$f(x)=\begin{cases}\frac{1}{2a} & -a\leqslant x\leqslant a\\ 0 & 其他\end{cases}$$

由 $P(X>1)=\frac{1}{3}$知，$a>1$. 于是

$$P(X>1)=\int_1^{+\infty}f(x)\mathrm{d}x=\int_1^a\frac{1}{2a}\mathrm{d}x=\frac{1}{2a}x\bigg|_1^a=\frac{1}{2}-\frac{1}{2a}=\frac{1}{3},$$

$$a=3.$$

(2) 由(1)知，$f(x)=\begin{cases}\frac{1}{6} & -3\leqslant x\leqslant 3\\ 0 & 其他\end{cases}$，于是

$$P\left(X<\frac{1}{2}\right)=\int_{-\infty}^{\frac{1}{2}}f(x)\mathrm{d}x=\int_{-3}^{\frac{1}{2}}\frac{1}{6}\mathrm{d}x=\frac{7}{12}.$$

四、随机变量的分布函数

对离散型随机变量和连续型随机变量的概率分布，可以分别用分布列和概率密度函数来描述. 而实际上还存在一个描述这两类随机变量概率分布的统一方法，这就是随机变量的分布函数.

定义 5 若 X 是一个随机变量，对任何实数 x，令

$$F(x)=P(X\leqslant x)\quad(-\infty<x<+\infty)\tag{1-16}$$

称 $F(x)$是随机变量 X 的**分布函数**.

函数 $F(x)$表示事件“$X\leqslant x$”的概率，不是 $X=x$ 时的概率，而是在区间$(-\infty,x)$上 X 取值的“累积概率”. 分布函数的引入使许多问题转化为函数问题而得到简化.

对任意实数 $x_1<x_2$，有

$$P(x_1\leqslant X\leqslant x_2)=P(X\leqslant x_2)-P(X\leqslant x_1)=F(x_2)-F(x_1).$$

因此，若已知随机变量 X 的分布函数 $F(x)$，就能知道随机变量 X 在任何一个区间上取值的概率. 分布函数完整地描述了随机变量的分布情况，它具有以下性质：

(1) $0\leqslant F(x)\leqslant 1$，其中 $x\in(-\infty,+\infty)$.

(2) $F(x)$是 x 的不减函数. 即当 $x_1<x_2$ 时，$F(x_1)\leqslant F(x_2)$.

(3) $F(-\infty)=\lim\limits_{x\to-\infty}F(x)=0$，$F(+\infty)=\lim\limits_{x\to+\infty}F(x)=1$.

对于离散型随机变量 X，如果其分布列为

$$P(X=x_k)=p_k\quad(k=1,2,3,\cdots),$$

那么它的分布函数是

$$F(x)=P(X\leqslant x)=\sum_{x_k\leqslant x}p_k \tag{1-17}$$

这里的和式 $\sum\limits_{x_k\leqslant x}p_k$ 是对所有满足 $x_k\leqslant x$ 的 p_k 求和.

对于连续型随机变量 X，如果密度函数为$f(x)$，那么它的分布函数是

$$F(x)=P(X\leqslant x)=\int_{-\infty}^{x}f(t)\,\mathrm{d}t \tag{1-18}$$

因此，在$f(x)$的连续点处有

$$F'(x)=f(x).$$

例 10　设随机变量 X 的分布列为

X	1	2	3
P	0.3	0.2	0.5

求 X 的分布函数，并作出分布函数的图像.

解 (1) 当 $x<1$ 时，$F(x)=P(X\leqslant x)=\sum\limits_{x_k<1}p_k=0$；

(2) 当 $1\leqslant x<2$ 时，$F(x)=P(X\leqslant x)=\sum\limits_{x_k<2}p_k=P(X=1)=0.3$；

(3) 当 $2\leqslant x<3$ 时，

$$F(x)=P(X\leqslant x)=\sum_{x_k<3}p_k$$
$$=P(X=1)+P(X=2)=0.5;$$

(4) 当 $x\geqslant 3$ 时，

$$F(x)=P(X\leqslant x)=\sum_{x_k\leqslant 3}p_k$$
$$=P(X=1)+P(X=2)+P(X=3)=1.$$

因此分布函数为

$$F(x)=\begin{cases}0 & x<1\\ 0.3 & 1\leqslant x<2\\ 0.5 & 2\leqslant x<3\\ 1 & x\geqslant 3\end{cases}$$

图 1-10 为分布函数 $F(x)$ 的图像.

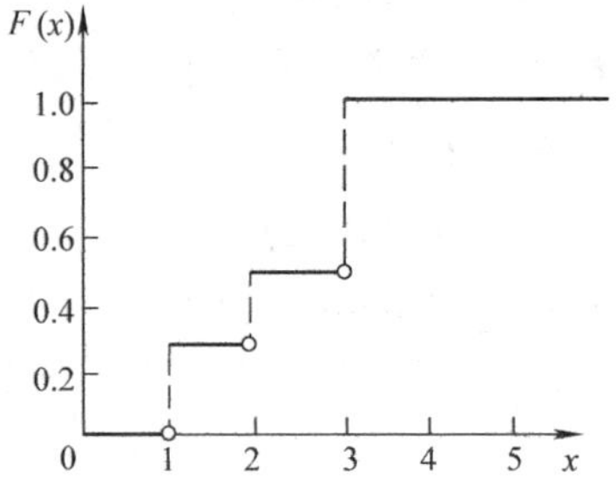

图 1-10

例 11　已知连续型随机变量 X 的密度函数为

$$f(x)=\begin{cases}\dfrac{1}{b-a} & a\leqslant x\leqslant b,\\ 0 & 其他\end{cases}$$

求分布函数 $F(x)$.

解　当 $x<a$ 时,

$$F(x)=\int_{-\infty}^{x}f(t)\,\mathrm{d}t=\int_{-\infty}^{x}0\,\mathrm{d}t=0;$$

当 $a\leqslant x<b$ 时,

$$F(x)=\int_{-\infty}^{x}f(t)\,\mathrm{d}t=\int_{-\infty}^{a}f(t)\,\mathrm{d}t+\int_{a}^{x}f(t)\,\mathrm{d}t$$
$$=\int_{a}^{x}\frac{1}{b-a}\mathrm{d}t=\frac{x-a}{b-a};$$

当 $x\geqslant b$ 时,

$$F(x)=\int_{-\infty}^{x}f(t)\,\mathrm{d}t=\int_{-\infty}^{a}f(t)\,\mathrm{d}t+\int_{a}^{b}f(t)\,\mathrm{d}t+\int_{b}^{x}f(t)\,\mathrm{d}t$$
$$=\int_{a}^{b}\frac{1}{b-a}\mathrm{d}t=1.$$

于是所求的分布函数为

$$F(x)=\begin{cases}0 & x<a\\ \dfrac{x-a}{b-a} & a\leqslant x<b\\ 1 & x>b\end{cases}$$

例 12　设连续型随机变量 X 的分布函数为

$$F(x)=A+B\arctan x\quad(-\infty<x<+\infty),$$

求：(1)系数 A 和 B；(2)$P(-1\leqslant X<1)$；(3)X 的密度函数 $f(x)$.

解 (1) 由 $\begin{cases} F(+\infty) = \lim\limits_{x\to+\infty}(A+B\arctan x) = A+\dfrac{\pi}{2}B=1 \\ F(-\infty) = \lim\limits_{x\to-\infty}(A+B\arctan x) = A-\dfrac{\pi}{2}B=0 \end{cases}$,

得
$$\begin{cases} A=\dfrac{1}{2} \\ B=\dfrac{1}{\pi} \end{cases}.$$

(2) 由(1)得 $F(x)=\dfrac{1}{2}+\dfrac{1}{\pi}\arctan x$，所以

$$\begin{aligned} P(-1\leqslant x<1) &= F(1)-F(-1) \\ &= \frac{1}{2}+\frac{1}{\pi}\arctan 1-\left(\frac{1}{2}+\frac{1}{\pi}\arctan(-1)\right) \\ &= \frac{1}{2}. \end{aligned}$$

(3) $f(x)=F'(X)=\dfrac{1}{\pi\sqrt{1+x^2}}$.

习题 1-5

1. 下面表(1)、(2)是否为某个随机变量的分布列?

表(1)

X	1	2	3
P	0.7	0.1	0.1

表(2)

X	1	2	3	4
P	0.1	0.2	0.3	0.4

2. 已知离散型随机变量 X 的概率分布为:

X	0	1/3	2	1
P	$1/3a$	$2/9a$	$4/27a$	$1/8a$

求常数 a 的值.

3. 盒内有 12 个乒乓球，其中 9 个新球，不放回地抽取，每次取一个直到取得新球为止，求下列随机事件的概率分布：

（1）抽取次数 X；

（2）取得的旧球个数 Y.

4. 设某批数量较多的电子管，其正品率为 75%，现对这批电子管进行测试，只要遇到一个正品电子管就停止测试，求测试次数的分布列.

5. 一大批种子的发芽率为 90%，今从中任取 10 粒播撒土壤中，求：

（1）恰有 8 粒发芽的概率；

（2）不少于 8 粒发芽的概率.

6. 校对一本共 100 页的书，更正了 150 个错误，假设每页上的错误数 X 服从泊松分布，求该书原来每页上的错误都不超过 4 个的概率.

7. 若随机变量 X 的概率密度为：

$$f(x)=\begin{cases} k(1-x)^2 & -1<x<1 \\ 0 & \text{其他} \end{cases},$$

求：(1)常数 k 的值；(2)概率 $P(0<X\leqslant 2)$.

8. 已知公共汽车到达某站的时间服从 10 时到 10 时半之间的均匀分布，求如果 10 时到达车站，需要等候 10 分钟以上的概率.

第六节　正　态　分　布

正态分布是最常见的、也是最重要的一种分布. 如各种产品的质量指标(零件尺寸、材料的强度)，人体的身高或体重，测量的误差等大量的随机变量，都具有“中间大，两头小”的分布特点. 这些都是正态分布的特点. 同时正态分布在理论上也很重要，由正态分布可以导出其他一些分布，而某些分布在一定条件下又可用正态分布来近似代替，因此正态分布在理论研究中具有重要地位. 在历史上，高斯(Gauss)曾对这种分布特点做了大量的研究，并取得了很好的成果.

一、正态分布的定义及性质

定义 1 若连续型随机变量 X 的密度函数为 $f(x)=\frac{1}{\sqrt{2\pi}\sigma}e^{-\frac{(x-\mu)^2}{2\sigma^2}}$，则称 X 服从参数为 μ，σ 的**正态分布**或**高斯(Gauss)分布**，记作

$$X\sim N(\mu,\sigma^2).$$

其中，μ，σ 为参数，且 $\sigma>0$. 其图像称为**正态分布曲线**，是一条钟形曲线.

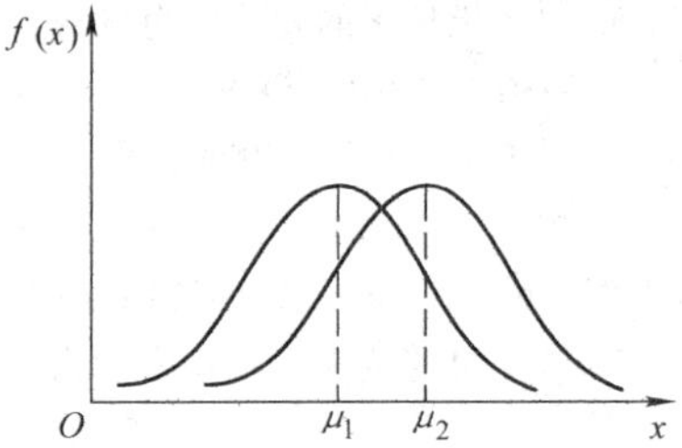

图 1-11

通过图 1-11 和图 1-12 可以看出，正态分布密度函数的基本性质及 μ，σ^2 对其分布的影响.

正态分布曲线具有如下特征：

(1) 曲线位于 x 轴的上方，以 $x=\mu$ 为对称轴，向左右对称地无限伸延，并且以 x 轴为渐近线；

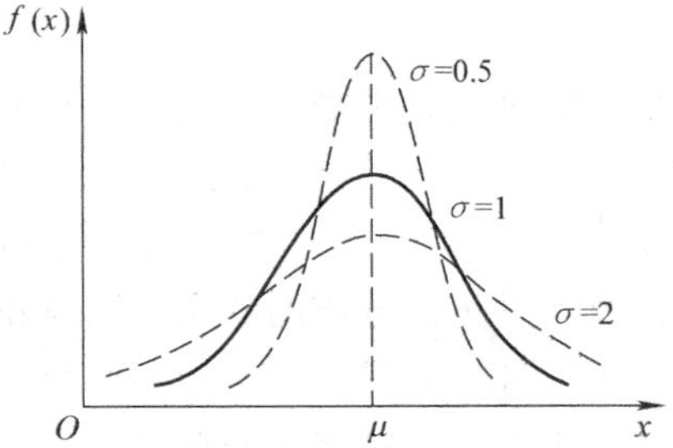

图 1-12

(2) 曲线在 $x=\mu$ 处达到最高点，最大值为$\frac{1}{\sqrt{2\pi}\sigma}$；

(3) 若固定 σ，改变 μ 的值，则曲线 $y=f(x)$ 沿 x 轴平行移动，曲线的几何形状不变；若固定 μ，改变 σ 的值，σ 越大 $y=f(x)$ 的图形越平坦，曲线愈“矮胖”(即分布愈分散)；σ 越小 $y=f(x)$ 的图形越陡峭，曲线愈“高瘦”(即分布愈集中于 μ 的附近).

服从正态分布的随机变量 X 的分布函数为

$$F(x)=\int_{-\infty}^{x}\frac{1}{\sqrt{2\pi}\sigma}e^{-\frac{(t-\mu)^2}{2\sigma^2}}dt(-\infty<x<+\infty). \qquad (1\text{-}19)$$

特别地，当 $\mu=0$，$\sigma=1$ 时，称随机变量 X 服从**标准正态分布**，记为 $X\sim N(0,1)$. 其密度函数与分布函数分别为

$$f(x)=\frac{1}{\sqrt{2\pi}}e^{-\frac{x^2}{2}}(-\infty<x<+\infty),$$

$$\Phi(x)=\int_{-\infty}^{x}\frac{1}{\sqrt{2\pi}}e^{-\frac{t^2}{2}}dt(-\infty<x<+\infty).$$

二、正态分布的概率计算

设随机变量 $X\sim N(\mu,\sigma^2)$，则根据分布函数的概念，X 在区间 (x_1,x_2) 内取值的概率为

$$\begin{aligned}P(x_1<X<x_2)&=F(x_2)-F(x_1)\\&=\int_{-\infty}^{x_2}\frac{1}{\sqrt{2\pi}\sigma}e^{-\frac{(x-\mu)^2}{2\sigma^2}}dx-\int_{-\infty}^{x_1}\frac{1}{\sqrt{2\pi}\sigma}e^{-\frac{(x-\mu)^2}{2\sigma^2}}dx\\&=\int_{x_1}^{x_2}\frac{1}{\sqrt{2\pi}\sigma}e^{-\frac{(x-\mu)^2}{2\sigma^2}}dx.\end{aligned}$$

令 $t=\frac{x-\mu}{\sigma}$, $dx=\sigma dt$, 则

$$P(x_1 < X < x_2) = \int_{\frac{x_1-\mu}{\sigma}}^{\frac{x_2-\mu}{\sigma}} \frac{1}{\sqrt{2\pi}} e^{-\frac{t^2}{2}} dt = \Phi\left(\frac{x_2-\mu}{\sigma}\right) - \Phi\left(\frac{x_1-\mu}{\sigma}\right).$$

即

$$P(x_1 < X < x_2) = \Phi\left(\frac{x_2-\mu}{\sigma}\right) - \Phi\left(\frac{x_1-\mu}{\sigma}\right). \quad (1-20)$$

其中，$\Phi(x) = \int_{-\infty}^{x} \frac{1}{\sqrt{2\pi}} e^{-\frac{t^2}{2}} dt$ 是标准正态分布的分布函数（见附录中的附表1）.

上述事实表明，任何一个正态分布都可以通过线性变换 $t = \frac{x-\mu}{\sigma}$，借助于标准正态分布函数 $\Phi(x)$ 来计算其概率.

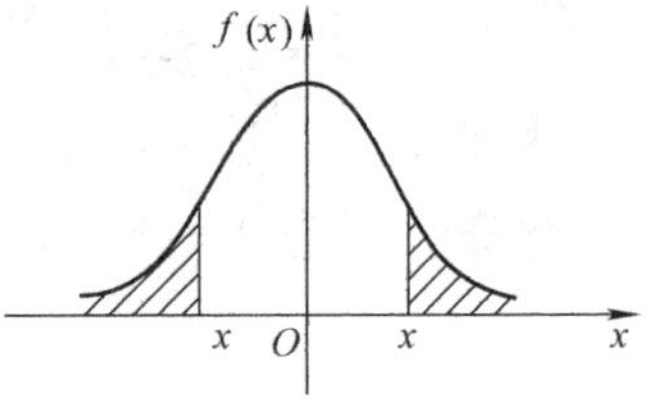

图 1-13

根据正态曲线（图 1-13）的对称性，可以得出

$$\Phi(-x) = P(X < -x) = P(X \geqslant x)$$
$$= 1 - P(X < x) = 1 - \Phi(x).$$

故标准正态分布函数 $\Phi(x)$ 具有性质：

(1) $\Phi(+\infty) = 1$，$\Phi(-\infty) = 0$；

(2) $\Phi(-x) = 1 - \Phi(x)$.

例 1 设 $X \sim N(0,1)$，求：

(1) $P(X < 1.5)$；(2) $P(0.5 < X < 1.5)$；(3) $P(X \geqslant 1.5)$.

解 (1) $P(X < 1.5) = \Phi(1.5)$ 查正态分布表 0.9332.

(2) $P(0.5 < X < 1.5) = \Phi(1.5) - \Phi(0.5) = 0.9332 - 0.6915 = 0.2417$.

(3) $P(X \geqslant 1.5) = 1 - P(X < 1.5) = 1 - \Phi(1.5) = 1 -$

0.9332 = 0.0668.

例 2　设 $X \sim N(1.5 \sim 4)$，试求：

(1) $P(X < 3.5)$；(2) $P(X < -4)$；(3) $P(|X| < 3)$.

解　这里 $\mu = 1.5$，$\sigma = 2$，于是

(1) $P(X < 3.5) = \Phi\left(\frac{3.5 - 1.5}{2}\right) = \Phi(1) = 0.8413.$

(2) $$P(X < -4) = \Phi\left(\frac{-4 - 1.5}{2}\right) = \Phi(-2.75)$$
$$= 1 - \Phi(2.75) = 1 - 0.997 = 0.003.$$

(3) $$P(|x| < 3) = P(-3 < X < 3)$$
$$= \Phi\left(\frac{3 - 1.5}{2}\right) - \Phi\left(\frac{-3 - 1.5}{2}\right)$$
$$= \Phi(0.75) - \Phi(-2.25)$$
$$= \Phi(0.75) - 1 + \Phi(2.25) = 0.7612.$$

例 3　若 $X \sim N(\mu, \sigma^2)$，求：

(1) $P(\mu - \sigma < X < \mu + \sigma)$；(2) $P(\mu - 2\sigma < X < \mu + 2\sigma)$；

(3) $P(\mu - 3\sigma < X < \mu + 3\sigma)$.

解　(1) $P(\mu - \sigma < X < \mu + \sigma)$
$$= \Phi\left(\frac{(\mu + \sigma) - \mu}{\sigma}\right) - \Phi\left(\frac{(\mu - \sigma) - \mu}{\sigma}\right)$$
$$= \Phi(1) - \Phi(-1) = 2\Phi(1) - 1 = 0.6826.$$

(2) $P(\mu - 2\sigma < X < \mu + 2\sigma) = \Phi(2) - \Phi(-2) = 2\Phi(2) - 1 = 0.9546.$

(3) $P(\mu - 3\sigma < X < \mu + 3\sigma) = \Phi(3) - \Phi(-3) = 2\Phi(3) - 1 = 0.9974.$

由例 3 可以看出，服从正态分布 $N(\mu, \sigma^2)$ 的随机变量 X 落在 $(\mu - 3\sigma, \mu + 3\sigma)$ 内的概率为 0.9974，仅有不足 0.3% 落在区间之外. 一般在实际应用中，往往认为 X 的观察值落在区

间$(\mu-3\sigma,\mu+3\sigma)$之外的情况是极少的. 这就是所谓的$3\sigma$原则. 在质量管理中常用$3\sigma$原则进行质量控制. 例如，在正常条件下，产品质量指标被认为是服从正态分布的随机变量，常以这一变量的抽样检查值是否落在$(\mu-3\sigma,\mu+3\sigma)$之内作为判断生产过程是否正常的一个主要标志.

例 4 在机床上加工零件，发现它的长度X是服从正态分布$N(\mu,\sigma^2)$的随机变量. 已知$\mu=20\text{cm}$，$\sigma=0.2\text{cm}$. 求零件长度在19.7～20.3cm之间的概率(即两边偏差不超过0.3cm).

解 已知$\mu=20$，$\sigma=0.2$，故

$$\begin{aligned}P(19.7<X<20.3)&=\Phi\left(\frac{20.3-20}{0.2}\right)-\Phi\left(\frac{19.7-20}{0.2}\right)\\&=\Phi(1.5)-\Phi(-1.5)\\&=2\Phi(1.5)-1=0.8664.\end{aligned}$$

例 5 某工程队完成某项工程所需要的天数X服从参数为$\mu=100$，$\sigma^2=25$的正态分布. 按合同规定，若在100天内完成，则得超产奖10000元，若在100～115天内完成，则得一般奖1000元，若超过115天，则罚款5000元，求该工程队在完成这项工程时，罚款5000元的概率.

解 由已知，该工程队完成这项工程所需天数X服从正态分布，即$X\sim N(100,5^2)$，于是

$$\begin{aligned}P(X>115)&=1-\Phi\left(\frac{115-100}{5}\right)=1-\Phi(3)\\&=1-0.9987=0.0013\end{aligned}$$

即该工程队在完成这项工程时，罚款5000元的概率为0.0013.

习题　1-6

1. 已知连续型随机变量 $X \sim N(0,1)$，若概率 $P(|X| \geqslant a) = 0.05$，求常数 a.

2. 设 $X \sim N(6,9)$，已知 $P(0 \leqslant X \leqslant 2a) = 0.9623$，求常数 a.

3. 某种电池的寿命服从正态分布 $N(300,35^2)$，求电池寿命在 250 小时以上的概率.

4. 某高等学校入学考试的数学成绩服从正态分布 $N(65,10^2)$，如果 85 分以上为优秀，求数学考试成绩为优秀的考生大致占总人数的百分比.

5. 某食品公司收购了大量生猪，其重量 X 的概率分布为 $X \sim N(100, 10^2)$（单位:kg），如果从中任选一头，求

（1）其重量不超过 100kg 的概率；

（2）其重量在 80 ~ 120kg 的概率.

第七节　随机变量的数字特征

通过前面的学习已经知道，随机变量的分布列或密度函数都能完整地描述随机变量的概率分布，但在实际问题中，求随机变量的概率分布是十分困难的，而且很多实际问题中并不需要对随机变量的变化情况进行全面的考察，只需找出某些反映随机变量特征的数值即可. 例如，在检查灯泡或某些电子产品的质量时，人们关心的是它们的平均寿命及各个产品的寿命对平均寿命的偏离程度；又如，在机床上加工零件时，由于各种随机因素的影响，加工出的零件尺寸是一个随机变量，一般情况下，人们关心的是这些零件的平均长度以及加工精度.

上述问题的“平均数”和“精度”都表现为一些数字，这些数字反映了随机变量的平均值和偏离程度. 通常把反映随

机变量的某些特征的数字，称为**随机变量的数字特征**.

本节将讨论随机变量的两种最常用的、最重要的数字特征——期望和方差.

一、数学期望

1. 数学期望的概念

平均值是人们日常生活中经常用到的一个概念，比较两个班的成绩，要用到平均成绩；考察一个地区人们的生活状况，一个重要指标是人均收入. 随机变量有多种可能的取值，自然也应该有平均值.

例 1 在教学检查时，对某班 12 名学生的某科成绩进行抽考，60 分和 74 分各三名，65 分、85 分和 93 分的各两名，则其平均成绩是

$$\frac{60\times3+65\times2+74\times3+85\times2+93\times2}{12}$$

$$=60\times\frac{3}{12}+65\times\frac{2}{12}+74\times\frac{3}{12}+85\times\frac{2}{12}+93\times\frac{2}{12}$$

$$=74.$$

这里的$\frac{3}{12}$，$\frac{2}{12}$是相应考分的频率，也可视为相应考分的概率. 从上面的计算可以看出，学生的平均成绩等于这五个数与各自出现的频率乘积之和.

一般地，我们有如下定义：

定义 1 若随机变量 X 的所有可能取值与其对应的概率乘积之和存在，则称其为随机变量 X 的**数学期望**或(**均值**)，记为 $E(X)$.

由定义 1 可知：

(1) 设 X 为离散型随机变量，其概率分布为

$$p_i = P(X = x_i)\ (i = 1,2,3,\cdots),$$

若级数 $\sum_{i=1}^{\infty} x_i p_i$ 绝对收敛，则

$$E(X) = \sum_{i=1}^{\infty} x_i p_i \tag{1-21}$$

特别地，当 $i = 1,2,\cdots,n$ 时，$E(X) = \sum_{i=1}^{n} x_i p_i$.

(2) 设 X 为连续型随机变量，其概率密度为 $f(x)$，若积分 $\int_{-\infty}^{+\infty} x f(x)\,\mathrm{d}x$ 绝对收敛，则

$$E(X) = \int_{-\infty}^{+\infty} x f(x)\,\mathrm{d}x \tag{1-22}$$

例 2 设随机变量 X 服从 0-1 分布，分布列为

$$P\{X = k\} = p^k q^{1-k},\ k = 0,\ 1,$$

求 $E(X)$.

解 $E(X) = 0 \times q + 1 \times p = p$.

例 3 甲、乙两工人一个月中出现废品数的概率分布如下表，判断谁的技术更高些.

	甲工人					乙工人			
X	0	1	2	3	Y	0	1	2	3
P	0.3	0.3	0.2	0.2	P	0.3	0.5	0.2	0

解 $E(X) = 0 \times 0.3 + 1 \times 0.3 + 2 \times 0.2 + 3 \times 0.2 = 1.3$.

$E(Y) = 0 \times 0.3 + 1 \times 0.5 + 2 \times 0.2 + 3 \times 0 = 0.9$.

$E(X) > E(Y)$ 表明，乙工人的技术比甲工人好.

例 4 设随机变量 X 服从区间 $[a,b]$ 上的均匀分布，即 $X \sim U(a,b)$，求 X 的数学期望.

解 因为$f(x)=\frac{1}{b-a}$，所以

$$E(X)=\int_{-\infty}^{+\infty}xf(x)\mathrm{d}x=\frac{1}{b-a}\int_a^b x\mathrm{d}x=\frac{1}{b-a}\cdot\frac{1}{2}[x^2]_a^b=\frac{a+b}{2}.$$

例 5 如果连续型随机变量 X 的密度函数为

$$f(x)=\begin{cases}\lambda\mathrm{e}^{-\lambda x} & x>0\\ 0 & x\leqslant 0\end{cases},\ (\lambda>0),$$

则称 x 服从参数为 λ 的**指数分布**. 求此分布的数学期望.

解 $$E(X)=\int_{-\infty}^{+\infty}xf(x)\mathrm{d}x=\int_0^{+\infty}\lambda x\mathrm{e}^{-\lambda x}\mathrm{d}x=-\int_0^{+\infty}x\mathrm{d}\mathrm{e}^{-\lambda x}$$

$$=[-x\mathrm{e}^{-\lambda x}]_0^{+\infty}+\int_0^{+\infty}\mathrm{e}^{-\lambda x}\mathrm{d}x$$

$$=\left[-\frac{1}{\lambda}\mathrm{e}^{-\lambda x}\right]_0^{+\infty}=\frac{1}{\lambda}.$$

2. 数学期望的性质

由数学期望的定义可得如下性质：

(1) $E(C)=C$(C 为常数).

(2) $E(CX)=CE(X)$.

(3) $E(X\pm Y)=E(X)\pm E(Y)$.

(4) 若 X、Y 是相互独立的随机变量，则

$$E(XY)=E(X)E(Y).$$

性质(3)可以推广到有限个随机变量的情形，即对任意 n 个随机变量 X_1，X_2，…，X_n，都有

$$E\left(\sum_{i=1}^{n}X_i\right)=\sum_{i=1}^{n}E(X_i).$$

二、随机变量的方差

1. 方差的概念

数学期望反映了随机变量取值的平均情况，为了能对随机

变量的变化情况做出更全面、准确的描述，人们还希望知道随机变量对期望值的偏离程度究竟有多大.

例 6 设甲、乙两门炮射击时，着弹点与目标的距离分别为随机变量 X，Y，且各自的概率分布为：

X	80	85	90	95	100
P	$\frac{1}{5}$	$\frac{1}{5}$	$\frac{1}{5}$	$\frac{1}{5}$	$\frac{1}{5}$

Y	85	87.5	90	92.5	95
P	$\frac{1}{5}$	$\frac{1}{5}$	$\frac{1}{5}$	$\frac{1}{5}$	$\frac{1}{5}$

试比较命中的准确程度.

解 $E(X)=\frac{1}{5}(80+85+90+95+100)=90.$

$$E(Y)=\frac{1}{5}(85+87.5+90+92.5+95)=90.$$

计算结果 $E(X)=E(Y)=90$，但比较两组数据可以看出，两门炮的着弹点有明显差异，想要准确、恰当地把这种特征表示出来，仅靠数学期望就不够了. 很明显，乙门炮的着弹点较甲门炮的着弹点更集中一些，波动不大，稳定性较好. 相对而言甲门炮的稳定性不如乙门炮，从而认为乙门炮的准确性更高一些.

用什么样的量来准确、恰当地衡量随机变量 X 取值与其平均值的偏离程度呢？$E(X)$ 表示随机变量 X 取值的平均数，即 X 取值围绕的中心. “偏离程度”是指 X 取值与 $E(X)$ 的偏差大小程度. 同时还应看到，衡量 X 取值的偏离程度，不是对个别值而言，而要考虑 X 的所有可能值，即要计算

X 对 $E(X)$ 的偏离程度的平均值，因此应计算 $|X-E(X)|$ 或 $|X-E(X)|^2$ 的平均值．为了计算方便，我们通常采用 $E[X-E(X)]^2$ 来衡量随机变量 X 与它的数学期望 $E(X)$ 平均偏离程度．

定义 2 设 X 是一个随机变量，若 $E[X-E(X)]^2$ 存在，则称其为 X 的**方差**，记为 $D(X)$，即

$$D(X)=E[X-E(X)]^2. \tag{1-23}$$

同时，称 $\sqrt{D(X)}$ 为 X 的**标准差**(或**均方差**)．

标准差(或均方差)是描述随机变量取值离散程度的一个特征数字．方差越小，取值越集中；方差越大，取值越分散．

例 6 中随机变量 X、Y 的方差分别为：

$$\begin{aligned} D(X) &= E[X-E(X)]^2 \\ &= \frac{1}{5}[(80-90)^2+(85-90)^2+(90-90)^2+(95-90)^2+(100-90)^2]=50. \end{aligned}$$

$$\begin{aligned} D(Y) &= E[Y-E(Y)]^2 \\ &= \frac{1}{5}[(85-90)^2+(87.5-90)^2+(90-90)^2+(92.5-90)^2+(95-90)^2]=12.5. \end{aligned}$$

与上面的分析一致，$D(Y)<D(X)$，说明乙门炮的准确性更高一些．

由方差的定义可知：

(1) 如果离散型随机变量 X 的分布列为

$$P(X=x_k)=p_k \quad (k=1,2,3,\cdots n),$$

则

$$D(X)=E[X-E(X)]^2=\sum_{k=1}^{n}[x_k-E(X)]^2p_k \tag{1-24}$$

(2) 如果连续型随机变量 X 的密度函数为 $f(x)$，则

$$D(X) = \int_{-\infty}^{+\infty} [x - E(X)]^2 f(x)\mathrm{d}x \tag{1-25}$$

例 7 设随机变量 X 的分布列为 $P(X=0)=0.7$，$P(X=1)=0.3$，求 $D(X)$.

解 X 服从的是两点分布，由例 2 知，$E(X)=0.3$. 于是

$$D(X)=(0-0.3)^2\times0.7+(1-0.3)^2\times0.3=0.21.$$

运用式(1-23)或式(1-24)计算方差是很不方便的，事实上，根据数学期望的运算性质

$$\begin{aligned}D(X)&=E[X-E(X)]^2=E\{X^2-2XE(X)+[E(X)]^2\}\\&=E(X^2)-2E(X)\cdot E(X)+[E(X)]^2\\&=E(X^2)-[E(X)]^2.\end{aligned}$$

即

$$D(X)=E(X^2)-[E(X)]^2. \tag{1-26}$$

例 8 设 $X\sim N(\mu,\sigma^2)$，求 $E(X)$ 及 $D(X)$.

解 X 的分布密度为

$$f(x)=\frac{1}{\sqrt{2\pi}\sigma}\mathrm{e}^{-\frac{(x-\mu)^2}{2\sigma^2}},$$

所以，

$$\begin{aligned}E(X)&=\int_{-\infty}^{+\infty}x\frac{1}{\sqrt{2\pi}\sigma}\mathrm{e}^{-\frac{(x-\mu)^2}{2\sigma^2}}\mathrm{d}x \xlongequal{t=\frac{x-\mu}{\sigma}}\\&\xlongequal{令 t=\frac{x-\mu}{\sigma}} t\frac{1}{\sqrt{2\pi}\sigma}\int_{-\infty}^{+\infty}\mathrm{e}^{-\frac{t^2}{2}}(\sigma t+\mu)\sigma\mathrm{d}t\\&=\frac{\sigma}{\sqrt{2\pi}}\int_{-\infty}^{+\infty}\mathrm{e}^{-\frac{t^2}{2}}t\mathrm{d}t+\frac{\mu}{\sqrt{2\pi}}\int_{-\infty}^{+\infty}\mathrm{e}^{-\frac{t^2}{2}}\mathrm{d}t\\&=-\frac{\sigma}{\sqrt{2\pi}}\mathrm{e}^{-\frac{t^2}{2}}\bigg|_{-\infty}^{+\infty}+\mu=\mu.\end{aligned}$$

$$D(X)=E[X-E(X)]^2=E(X-\mu)^2$$
$$=\int_{-\infty}^{+\infty}(x-\mu)^2\frac{1}{\sqrt{2\pi}\sigma}e^{-\frac{(x-\mu)^2}{2\sigma^2}}dx,$$

令 $t=\dfrac{x-\mu}{\sigma}$,得

$$D(X)=\frac{1}{\sqrt{2\pi}}\int_{-\infty}^{+\infty}\sigma^2t^2e^{-\frac{t^2}{2}}dt=-\frac{\sigma^2}{\sqrt{2\pi}}\int_{-\infty}^{+\infty}t\,de^{-\frac{t^2}{2}}$$
$$=-\frac{\sigma^2}{\sqrt{2\pi}}\left[te^{-\frac{t^2}{2}}\Big|_{-\infty}^{+\infty}-\int_{-\infty}^{+\infty}e^{-\frac{t^2}{2}}dt\right]$$
$$=\frac{1}{\sqrt{2\pi}}\int_{-\infty}^{+\infty}\sigma^2e^{-\frac{t^2}{2}}dt=\sigma^2.$$

2. 方差的简单性质

由方差的定义可知方差具有以下性质:

(1) $D(C)=0$, (C 为常数).

证 由公式 $D(X)=E[X-E(X)]^2$, 得

$$D(C)=E[C-E(C)]^2=E(C-C)^2=0.$$

(2) $D(CX)=C^2D(X)$, (C 为常数).

证 $D(CX)=E[CX-E(CX)]^2=E[CX-CE(X)]^2$
$$=C^2E[X-E(X)]^2=C^2D(X).$$

(3) $D(X+Y)=D(X)+D(Y)$ (其中 X,Y 相互独立).

例 9 已知互相独立的变量 X、Y 的概率分布如下:

X	0	1	2	3
P	0.3	0.1	0.2	0.4

Y	0	1	2	3	4
P	0.5	0.1	0.2	0.1	0.1

求 $E(X)$, $E(Y)$, $E(2X+3Y)$, $D(2X+3Y)$.

解 $E(X)=0\times0.3+1\times0.1+2\times0.2+3\times0.4=1.7.$

$E(Y)=0\times0.5+1\times0.1+2\times0.2+3\times0.1+4\times0.1$
$=1.2.$

$E(X^2)=0^2\times0.3+1^2\times0.1+2^2\times0.2+3^2\times0.4$
$=4.5.$

$E(Y^2)=0^2\times0.5+1^2\times0.1+2^2\times0.2+3^2\times0.1+4^2\times0.1$
$=3.4.$

$E(2X+3Y)=2E(X)+3E(Y)=2\times1.7+3\times1.2=7.$

$D(X)=E(X^2)-E^2(X)=4.5-1.7^2=1.61.$

$D(Y)=E(Y^2)-E^2(Y)=3.4-1.2^2=1.96.$

$D(2X+3Y)=4D(X)+9D(Y)=24.08.$

三、常见随机变量分布表达式及数字特征

根据均值和方差的计算公式，很容易求得常见随机变量的均值和方差. 为学习方便，将常见随机变量分布表达式及数字特征列于表 1-1.

表 1-1 常见随机变量分布表达式及数字特征

名　称	分布表达式	参数范围	均值	方差
0-1 分布	$P(X=k)=p^kq^{1-k}(k=0,1)$	$0<p<1$，$q=1-p$	p	pq
二项分布	$P(X=k)=C_n^kp^kq^{n-k}$ $(k=0,1,\cdots,n)$	$0<p<1$，$q=1-p$　$n\in\mathbf{N}$	np	npq
泊松分布	$P(X=k)=\dfrac{\lambda^k}{k!}e^{-\lambda}$ $(k=0,1,2,\cdots)$	$\lambda>0$	λ	λ
均匀分布	$f(x)=\begin{cases}\dfrac{1}{b-a} & a\leqslant x\leqslant b\\ 0 & x<a \text{ 或 } x>b\end{cases}$	$b>a$	$\dfrac{b+a}{2}$	$\dfrac{(b-a)^2}{12}$
指数分布	$f(x)=\begin{cases}\lambda e^{-\lambda x} & x>0\\ 0 & \text{其他}\end{cases}$	$\lambda>0$	$\dfrac{1}{\lambda}$	$\dfrac{1}{\lambda^2}$

（续）

名　　称	分布表达式	参 数 范 围	均值	方差
正态分布	$f(x)=\frac{1}{\sqrt{2\pi}\sigma}e^{-\frac{(x-\mu)^2}{2\sigma^2}}$	$-\infty<\mu<+\infty$ $\sigma>0$	μ	σ^2
标准正态分布	$f(x)=\frac{1}{\sqrt{2\pi}}e^{-\frac{x^2}{2}}$	$\sigma>0$	0	1

习题　1-7

1. 设随机变量 X 的分布列为：

X	-5	2	3	4
P	0.4	0.3	0.1	0.2

求 $E(X)$，$E(X^2)$，$E(2X+1)$，$D(X)$.

2. 已知 $X\sim(0,1)$ 且 $P(X=0)=0.2$，求 X 的数学期望及标准差.

3. 连续投掷 10 次硬币，求出现正面次数的均值及方差.

4. 设离散型随机变量 X 服从参数为 $\lambda(\lambda>0)$ 的泊松分布，若数学期望 $E(4X-1)=7$，求参数 λ.

5. 某超市采购 2000 件某种商品，这种商品在运输途中损坏的概率为 0.002，求超市收到的这批商品的损坏数的均值及方差.

6. 假定每人生日在各个月份的机会是等同的，求 10 个人中生日在第二季度的平均人数.

数学史料

概率论发展简史

概率论是研究随机现象数量规律的数学分支. 随机现象是指这样的客观现象，当人们观察它时，所得的结果不能预先确定，而只是多种可能结果中的一种。事件的概率则是衡量该事件发生的可能性的量度. 虽然在一次随机试验中发生某个事件是带有偶然性的，但那些可以在相同条件下大量重复的随机试验却往往呈现出明显的数量规律性. 人们在长期实践中已逐步觉察到某些这样的规律性，并在实际中应用它.

一、历史背景

17、18 世纪，数学获得了巨大的进步. 数学家们冲破了古希腊的演绎框架，向自然界和社会生活的多方面汲取灵感，数学领域出现了众多崭新的生长点，而后都发展成完整的数学分支. 除了分析学这一大系统之外，概率论就是这一时期"使欧几里得几何相形见绌"的若干重大成就之一.

二、概率论的起源

概率论起源于对赌博问题的研究. 早在 16 世纪，意大利学者卡丹与塔塔里亚等人就已从数学角度研究过赌博问题。他们的研究除了赌博外还有与当时的人口、保险业等有关的内容，但由于卡丹等人的思想未引起重视，概率概念的要旨也不明确，于是很快被人淡忘了.

概率概念的要旨只是在 17 世纪中叶法国数学家帕斯卡与费马的讨论中才比较明确. 他们在来往的信函中讨论"合理分配赌注问题"。该问题可以简化为：甲、乙两人同掷一枚硬币，规定正面朝上，甲得一点；若反面朝上，乙得一点，先积满 3 点者赢取全部赌注. 假定在甲得 2 点、乙得 1 点时，赌局由于某种原因中止了，问应该怎样分配赌注才算公平合理.

帕斯卡：若再掷一次，甲胜：甲获全部赌注；乙胜：甲、乙平分赌注.

两种情况可能性相同，所以这两种情况平均一下，甲应得赌金的 3/4，乙应得赌金的 1/4。

费马：结束赌局至多还要 2 局，结果为四种等可能情况：

情况	1	2	3	4
胜者	甲甲	甲乙	乙甲	乙乙

前3种情况，甲获全部赌金，仅第四种情况，乙获全部赌金. 所以甲分得赌金的3/4，乙得赌金的1/4.

帕斯卡与费马用各自不同的方法解决了这个问题。虽然他们在解答中没有明确定义概念，但是，他们定义了使某赌徒取胜的机遇，也就是赢得情况数与所有可能情况数的比，这实际上就是概率，所以概率的发展被认为是从帕斯卡与费马开始的.

三、概率论在实践中曲折发展

在概率问题早期的研究中，逐步建立了事件、概率和随机变量等重要概念以及它们的基本性质. 后来由于许多社会问题和工程技术问题，如人口统计、保险理论、天文观测、误差理论、产品检验和质量控制等的研究，促进了概率论的深化和发展. 从17世纪到19世纪，伯努利、棣莫弗、拉普拉斯、高斯、普阿松、切贝谢夫、马尔可夫等著名数学家都对概率论的发展做出了深刻的研究和杰出的贡献. 在这段时间里，概率论的发展简直到了使人着迷的程度. 但是，随着概率论的各个分支领域获得大量进展和成果，以及在其他基础学科和工程技术上的应用，由拉普拉斯给出的概率定义的局限性很快便暴露了出来，甚至无法适用于一般的随机现象. 到20世纪初，概率论的一些基本概念尚没有确切的定义，概率论作为一个数学分支，仍然缺乏严格的理论基础.

四、概率论理论基础的建立

概率论的第一本专著是1713年问世的雅各·伯努利的《推测术》. 经过二十多年的艰难研究，伯努利表述并证明了著名的“大数定律”. 所谓“大数定律”，简单地说就是，当实验次数很大时，事件出现的频率与概率有较大偏差的可能性很小. 这一定理第一次在单一的概率值与众多现象的统计度量之间建立了演绎关系，构成了从概率论通向更广泛应用领域的桥梁. 因此，伯努利被称为概率论的奠基人. 为概率论确定严密的理论基础的是数学家柯尔莫哥洛夫. 1933 年，他发表了著名的《概率论的基本概念》，用公理化结构定义了概率论，这个结构的确立是概率论发展史上的一个里程碑，为以后的概率论的迅速发展成熟奠定了更牢固的基础.

五、概率论的应用

20 世纪以来，由于物理学、生物学、工程技术、农业技术和军事技术发展的推动，概率论飞速发展，理论课题不断扩大与深入，应用范围大大拓宽. 尤其在最近几十年中，概率论的方法被引入各工程技术学科和社会学科. 目前，概率论在近代物理、自动控制、地震预报和气象预报、工厂产品质量控制、农业试验和公用事业等方面都得到了重要应用. 越来越多的概率论方法被引入到经济、金融和管理科学.

通过下面一个概率论在社会调查中应用的例子，使大家更直观地了解概率论的应用. 对于某些被调查不愿公开回答的问题，运用概率论的方法可以得到较准确的结论. 对一批即将出国留学的学生进行调查，确定学业完成后愿意回国者所占的比例. 对于“完成学业后，你是否会回国”这一问题，很多人不希望透露自己的真实想法. 为了得到正确的结论，我们将问题稍加调整，将“完成学业后，你是否会回国”定位问题 a，另设问题 b：“你的年龄是奇数”. 将 a，b 组成一组问题，让被调查者抛硬币决定回答问题 a 或 b，并且在问卷上不标示被调查者回答的是问题 a 还是问题 b. 解除了顾虑后，被调查者都会给出真实的想法. 然后，运用概率论方法，我们就可以从调查结果中得到我们想知道的回国者比例. 假定有300人接受调查，结果有130个“是”. 因为被调查者回答问题a、b的概率各是50%，所以将各有约150人回答a或b问题。又被调查者年龄是奇数的概率各是50%，所以150个回答b问题的人中，约有75个“是”. 那么130个“是”的答案中，约有55个“是”是问题a的答案，于是我们就可以得到完成学业后愿意回国者的比例约55/150，即11/30. 现在，概率论已发展成为一门与实际生活紧密相连的理论严谨的数学科学. 它内容丰富，结论深刻，有别开生面的研究课题，由自己独特的概念和方法，已经成为了近代数学一个有特色的分支.

复习题一

1. 一批由37件正品、3件次品组成的产品中任取3件产品，求：

(1) 恰有一件次品的概率；(2) 3件全是次品的概率；

(3) 3件全是正品的概率；(4) 3件中至少有一件次品的概率.

2. 在0，1，2，…，9共10个数字中，任取4个不同数字，试求这4个数字能排成一个四位偶数的概率.

3. 甲、乙两城市都位于长江下游，根据一百年来的气象记录统计显示，甲、乙两城市一年中雨天占的比例分别为20%和18%，两地同时下雨占的比例为12%，求：

(1) 乙市为雨天时，甲市也为雨天的概率；

(2) 甲市为雨天时，乙市也为雨天的概率；

(3) 甲、乙两城市至少有一天为雨天的概率.

4. 某工厂有甲、乙、丙三个车间，生产同一种产品，每个车间的产量分别占全厂的25%、35%、40%，各车间产品的次品率分别为5%、4%、2%，求全厂产品的次品率.

5. 甲、乙、丙三人向同一飞机射击，设甲、乙、丙射中的概率分别是0.4、0.5、0.7，又设若只有一人射中，飞机坠毁的概率为0.2；若两人射中，飞机坠毁的概率为0.6；若三人射中，飞机必坠毁，求飞机坠毁的概率.

6. 如图1-14所示，电路是由两个并联电池A，B再与电池C串联而成，设电池A，B，C损坏的概率分别是0.2、0.2、0.3，求电路发生间断的概率.

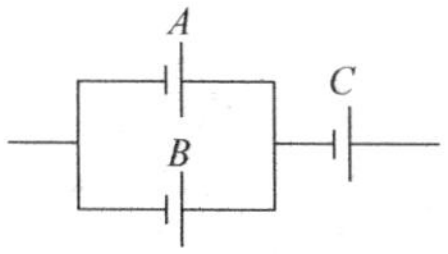

图　1-14

7. 从一批含有7件正品及3件次品的产品中一件一件地抽取，在下列两种情况下，分别求出直到取得正品为止所需次数X的分布列：

（1）每次取出的产品不再放回；

（2）每次取出的产品检验后放回，再取下一件产品.

8. 一大楼装有5个同类型的供水设备，调查表明在某时刻t每个设备被使用的概率为0.1，求在同一时刻：
（1）恰有两个设备被使用的概率；（2）至少有一个设备被使用的概率.

9. 一女工照管800个纱锭，若一纱锭在单位时间内断纱的概率为0.005，求单位时间内：
（1）恰好断纱4次的概率；（2）断纱次数不多于3的概率.

10. 设连续性随机变量X的概率密度为：

$$f(x)=\begin{cases} a\cos x & -\frac{\pi}{2}<x<\frac{\pi}{2} \\ 0 & x\leqslant -\frac{\pi}{2}\text{或}x\geqslant\frac{\pi}{2} \end{cases}$$

（1）求系数a；

（2）求随机变量X落在区间$\left(0,\ \frac{\pi}{4}\right)$内的概率.

11. 已知随机变量X的分布列为：

X	0	1	2
P	$\frac{1}{4}$	$\frac{1}{2}$	$\frac{1}{4}$

（1）求X的分布函数$F(x)$，并作出其图像；

（2）求$P(-1<X\leqslant 1)$，$P(X\geqslant 1)$.

12. 设连续随机变量 X 的分布函数为：

$$F(x)=\begin{cases}\frac{1}{2}e^{x} & x<0\\ \frac{1}{2}+\frac{x}{4} & 0\leqslant x<2\\ 1 & x\geqslant 2\end{cases},$$

求：(1) $P(-1<X\leqslant 1)$，$P(1<X\leqslant 3)$；(2) X 的概率密度 $f(x)$.

13. 已知 X 的概率分布为

$$P(X=k)=C_{200}^{k}(0.3)^{k}(0.7)^{200-k}，(k=0,1,2,\cdots,200),$$

求:$E(X)$,$D(X)$,$D(-2X+1)$.

14. 已知随机变量 X 服从二项分布 $X\sim B(n,p)$ 且 $E(X)=60$，$D(X)=24$，求 n 和 p 的值.

15. 一批零件有 9 个正品，3 个次品，在安装机器时，从这批零件中任取一个，若取出的是次品不放回地再取一个，直到取出的是正品安装在机器上，求在取到正品之前，已取出的次品数 X 的期望和方差.

第二章　数理统计初步

学习目标

（1）理解统计量及 U 分布、χ^2 分布、t 分布的概念，掌握均值、方差的计算方法；

（2）理解点估计、区间估计的概念，并熟练掌握计算方法；

（3）理解各种假设检验的概念及方法；

（4）培养把统计知识与方法应用于解决实际问题的意识与能力.

通过前面概率论的学习，我们已经了解到，随机现象的结果可用随机变量来描述，而研究随机变量则需要知道它的概率分布和数字特征，可是，随机变量的概率分布及数字特征又是如何得到的呢？这就是数理统计的任务. 数理统计是具有广泛应用的一个数学分支，它以概率论为理论基础，研究如何合理、有效地收集观测数据，并采用合理、有效的数学方法对数据加以整理与分析，从而对随机变量的分布或数字特征作出合理的估计和推断的一门学科.

通过对少量试验结果的分析和研究，对随机变量的概率分布和数字特征进行估计和推断，从局部认识整体，这是数理统计方法的特点. 因此，数理统计在各个技术领域中都有广泛的应用. 本章将介绍几种常见统计量的分布、参数估计及假设检验等数理统计的基础知识和方法.

第一节 常用统计量及其分布

一、总体与样本

1. 总体与个体

研究对象的全体称为**总体**，组成总体的每个基本单位称为**个体**.

例如，在研究某一批显像管的使用寿命时，全部显像管可看成一个总体，而其中的每一支显像管就是一个个体.

又如，数轴上的一条线段所有点的全体组成一个总体，其中的每一个点是总体中的一个个体.

总体可以包含有限个个体，也可以包含无限个个体. 在一个有限总体包含的个体相当多的情况下，也可以把它当作无限总体来处理，如一大批服装，一个国家的人口等.

在研究总体性质时，人们对于总体中某一个个体具有的特性并不关心，感兴趣的是表征总体性质的某一个或某几个数量指标，如灯泡的使用寿命就是灯泡质量的一个重要指标；人的身高和体重是人的体征的两个重要数量指标. 就某一数量指标而言，每一个个体所取的值不一定完全相同，但它们却是按一定规律分布的. 因此总体的每一数量特征就是一个随机变量 ξ. 由于人们主要是研究总体的某些数量指标，这样，总体就可以看做是一个随机变量 ξ 的全体取值，每个个体便是一个试验观测值，而 ξ 的分布规律能完整地表达这个总体的统计特性.

2. 样本与样本容量

从总体中随机抽取的若干个个体所组成的集合，称为**样本**，记作$(X_1,X_2,X_3,\cdots,X_n)$. 样本中所含个体的数目 n 称为

样本容量. 由于样本$(X_1,X_2,X_3,\cdots,X_n)$是从总体中随机抽取的，所以$X_1,X_2,X_3,\cdots,X_n$是随机变量. 把某一次随机抽取的具体数值$(x_1,x_2,x_3,\cdots,x_n)$称为样本的一次具体**观测值**或**样本值**.

3. 简单随机抽样

抽取样本的目的是对总体的分布进行分析推断，因此要求样本能很好地反映总体的特征，这就必须对随机抽样的方法提出一定的要求，一般有以下两点：

(1) 代表性——样本中每一个样品$X_i(i=1,2,\cdots,n)$和总体X具有相同的分布；

(2) 独立性——样本中每一个样品$X_i(i=1,2,\cdots,n)$是相互独立的随机变量.

满足以上两点的抽样叫做**简单随机抽样**，由简单随机抽样得到的样本称为**简单随机样本**，简称**样本**. 今后所指样本都是简单随机样本.

二、统计量

抽样的目的是利用样本来推断总体的情况，而抽样所得的样本值看起来是杂乱无章的，在应用时，往往不是直接使用样本本身，而是必须先对这些数据进行加工、整理，针对不同的问题构造适当的样本函数，再利用这些样本函数进行统计推断，这样的函数，在数理统计中称为**统计量**.

定义 1　设$(X_1,X_2,\cdots,X_n)$是来自总体X的一个样本，$f(X_1,X_2,\cdots,X_n)$是样本$(X_1,X_2,\cdots,X_n)$的函数，如果其中不包含总体的未知参数，则称$f(X_1,X_2,\cdots,X_n)$为样本$(X_1,X_2,\cdots,X_n)$的一个**统计量**.

当$(X_1,X_2,\cdots,X_n)$取定一组值$(x_1,x_2,\cdots,x_n)$时，$f(x_1,x_2,\cdots,x_n)$就是统计量的一个观测值.

在不至于混淆的情况下，也可以说$(x_1,x_2,\cdots,x_n)$是来自总体X的一个样本.

从定义1可知，统计量是一组独立的随机变量的函数，而随机变量的函数仍是随机变量，因此统计量仍为随机变量. 值得注意的是，统计量中不含未知参数.

例如，设$(x_1,x_2,\cdots,x_n)$是从正态总体$N(\mu,\sigma^2)$中抽取的一个样本，其中μ已知，σ^2未知，则$\frac{1}{n}\sum_{i=1}^{n}x_i$，$\sum_{i=1}^{n}x_i^2$，$\sum_{i=1}^{n}(x_i-\mu)^2$等都是统计量，而$\sum_{i=1}^{n}\frac{x_i-\mu}{\sigma}$，$\frac{1}{\sigma^2}\sum_{i=1}^{n}x_i$等都不是统计量.

统计量是统计推断中一个非常重要的概念，当人们要推断一个总体的分布或确定总体中的某个参数时，往往要构造一个统计量，然后依据样本所服从的总体分布，找到统计量所服从的分布，以此对总体的分布或总体中的某个参数作出合理的推断.

下面是几个常用的统计量.

1. 样本均值

设$(x_1,x_2,\cdots,x_n)$是总体X的一个样本，则称统计量$\overline{X}=\frac{1}{n}\sum_{i=1}^{n}x_i$为**样本均值**(或**样本平均数**). $\overline{X}$反映了样本数据的平均值.

2. 样本方差

设$x_1,x_2,\cdots,x_n$是总体X的一个样本，则称统计量$S^2=\frac{1}{n-1}\sum_{i=1}^{n}(x_i-\overline{X})^2$为**样本方差**. $n-1$叫做**样本自由度**.

称$S=\sqrt{S^2}=\sqrt{\frac{1}{n-1}\sum_{i=1}^{n}(x_i-\overline{X})^2}$为**样本标准差**(或样本

均方差).

样本方差 S^2 和样本标准差 S 反映了样本数据相对样本均值的离散程度.

例 1　对某零件的长度进行了 5 次测量，数据如下(单位：mm)

95，97，101，105，102

求样本均值与样本方差.

解　$\overline{X}=\frac{1}{5}(95+97+101+105+102)=100.$

$$S^2=\frac{1}{5-1}[(95-100)^2+(97-100)^2+(101-100)^2+(105-100)^2+(102-100)^2]=16.$$

三、常用统计量及其分布

统计量的分布称为**抽样分布**. 在使用统计量进行统计推断时，常需要知道它的分布. 当总体的分布函数已知时，抽样分布是确定的，然而要求出统计量的确切分布，一般来说是比较困难的. 下面介绍来自正态总体的几个常用统计量的分布.

1. 样本均值的分布(U 分布)

定理 1　设随机变量$(X_1,X_2,\cdots,X_n)$相互独立，且 $X_i(i=1,2,\cdots,n)$服从正态分布 $N(\mu_i,\sigma_i^2)$，则它们的线性组合 $Y=\sum\limits_{i=1}^{n}a_iX_i$ (a_i 不全为零,$i=1,2,\cdots,n$)也服从正态分布，且

$$E(Y)=\sum_{i=1}^{n}a_i\mu_i,\ D(Y)=\sum_{i=1}^{n}a_i^2\sigma_i^2.$$

推论　设$(X_1,X_2,\cdots,X_n)$是来自正态总体 $N(\mu,\sigma^2)$的一个样本，则有

(1) 样本均值 $\overline{X}=\frac{1}{n}\sum\limits_{i=1}^{n}x_i\sim N\left(\mu,\frac{\sigma^2}{n}\right)$;

(2) $U=\dfrac{\overline{X}-\mu}{\sigma/\sqrt{n}}\sim N(0,1)$; (2-1)

该定理表明，当总体 X 服从正态分布时，样本均值也服从正态分布，且 $\overline{X}\sim N\left(\mu,\dfrac{\sigma^2}{n}\right)$，将其标准化后得统计量 $U=\dfrac{\overline{X}-\mu}{\sigma/\sqrt{n}}\sim N(0,1)$，称其为 **$U$ 统计量**.

例 2 已知某单位职工的月奖金服从正态分布，总体均值为 200，总体标准差为 40，从该总体中抽取一个容量为 20 的简单随机样本，求这一样本的均值介于 190 ~ 210 的概率.

解 因为 $X\sim N(200,40^2)$，$n=20$，由上面推论，得

$$E(\overline{X})=200,\ D(\overline{X})=\frac{\sigma^2}{n}=\frac{40^2}{20}=80,$$

故 $\overline{X}\sim N(200,80)$.

$$P\{190<\overline{X}<210\}=\Phi\left(\frac{210-200}{\sqrt{80}}\right)-\Phi\left(\frac{190-200}{\sqrt{80}}\right)$$
$$=2\Phi(1.118)-1=2\times0.8686-1\approx0.737.$$

即样本均值介于 190 ~ 210 的概率是 0.737.

2. χ^2 分布

定理 2 设 $X_1,X_2,\cdots,X_n$ 相互独立，且都服从标准正态分布 $N(0,1)$，则它们的平方和

$$\chi^2=X_1^2+X_2^2+\cdots+X_n^2 \tag{2-2}$$

服从自由度为 n 的 **χ^2 分布**，记作 $\chi^2\sim\chi^2(n)$.

此处，自由度是指式(2-2)右端包含的独立变量的个数.随机变量 χ^2 的密度函数为

$$f(x)=\begin{cases}\dfrac{1}{2^{\frac{n}{2}}\Gamma\left(\dfrac{n}{2}\right)}x^{\frac{n}{2}-1}\mathrm{e}^{-\frac{x}{2}} & x>0\\ 0 & x\leqslant 0\end{cases},$$

其中，$\Gamma\left(\dfrac{n}{2}\right)=\int_0^{+\infty}t^{\frac{n}{2}-1}\mathrm{e}^{-t}\mathrm{d}t$.

如图 2-1 所示，χ^2 分布密度函数 $f(x)$ 的图像与自由度 n 有关，由 $f(x)$ 的图像可知：当 $x\leqslant 0$ 时，$f(x)=0$；当 $x>0$ 时，$P\{\chi^2\geqslant 0\}=\int_0^{+\infty}f(x)\mathrm{d}x=1$，$n\to+\infty$ 时，χ^2 分布接近正态分布.

对于给定的正数 $\alpha(0<\alpha<1)$，称满足条件

$$P\{\chi^2>\chi_\alpha^2(n)\}=\int_{\chi_\alpha^2(n)}^{+\infty}f(x)\mathrm{d}x=\alpha$$

的点 $\chi_\alpha^2(n)$ 为 $\chi^2(n)$ **分布的上 α 分位点**(也称**临界值**)(图 2-2).

χ^2 分布的上 α 分位点可通过查书后的 χ^2 分布表(附表 3)而得到.

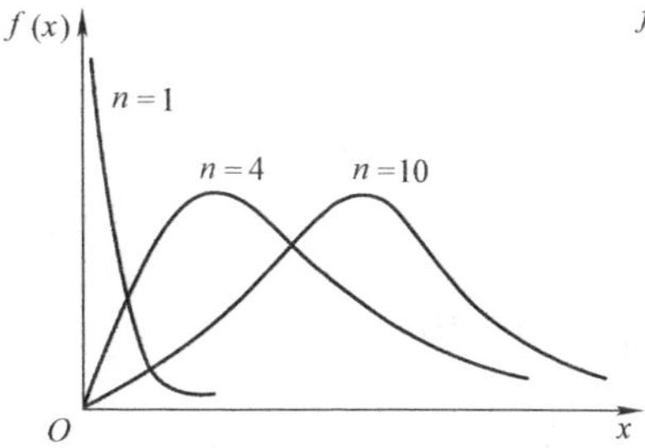

图　2-1

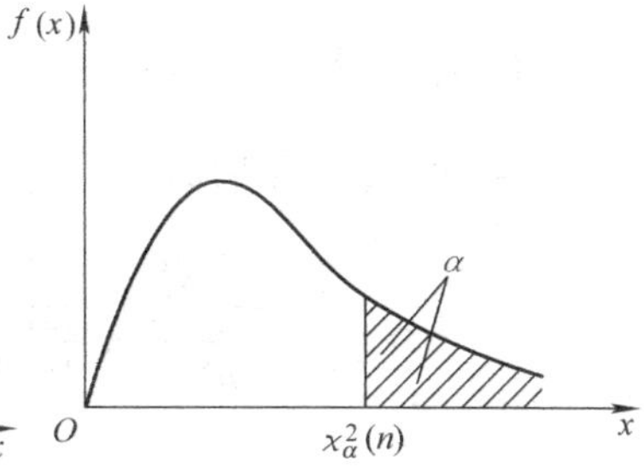

图　2-2

例 3　查 χ^2 分布表，求下列各式中的 $\chi^2(n)$ 分布的上 α 分位点 λ：

(1) $P\{\chi^2(10)>\lambda\}=0.05$;

(2) $P\{\chi^2(23)<\lambda\}=0.05$.

解 (1) 自由度 $n=10$，$\alpha=0.05$，查 χ^2 分布表，得

$$\lambda=18.307.$$

(2) 因为 $P\{\chi^2(23)<\lambda\}=0.05$，所以

$$P\{\chi^2(23)>\lambda\}=1-0.05=0.95,$$

自由度 $n=23$，$\alpha=0.95$，查 χ^2 分布表，得

$$\lambda=13.091.$$

由定理 2 容易得出：

推论 设$(X_1,X_2,\cdots,X_n)$是取自正态总体 $N(\mu,\sigma^2)$的样本，则统计量

$$\frac{1}{\sigma^2}\sum_{i=1}^{n}(X_i-\mu)^2\sim\chi^2(n),$$

$$\frac{(n-1)S^2}{\sigma^2}\sim\chi^2(n-1),\text{即}\frac{1}{\sigma^2}\sum_{i=1}^{n}(X_i-\overline{X})^2\sim\chi^2(n-1).$$

例 4 设$(X_1,X_2,\cdots,X_n)$是取自正态总体 $N(0,0.09)$的样本，求 $P\{\sum_{i=1}^{10}X_i^2>1.44\}$.

解 正态总体均值 $\mu=0$，$\sigma^2=0.09$，因此

$$\frac{\sum_{i=1}^{10}X_i^2}{\sigma^2}=\frac{\sum_{i=1}^{10}X_i^2}{0.09}\sim\chi^2(10).$$

$$P\{\sum_{i=1}^{10}X_i^2>1.44\}=P\left\{\frac{\sum_{i=1}^{10}X_i^2}{0.09}>16\right\}=0.1.$$

3. *t* 分布

定理 3 设随机变量 X 与 Y 相互独立，且 $X\sim N(0,1)$，

$Y \sim \chi^2(n)$，则称统计量

$$T = \frac{X}{\sqrt{Y/n}} \tag{2-3}$$

服从自由度为 n 的 t **分布**，记作 $T \sim t(n)$. 其密度函数为

$$f(x) = \frac{\Gamma\left(\frac{n+1}{2}\right)}{\sqrt{n\pi}\,\Gamma\left(\frac{n}{2}\right)}\left(1+\frac{x^2}{n}\right)^{-\frac{n+1}{2}} \quad (-\infty < x < +\infty).$$

如图 2-3 所示，t 分布的密度函数曲线关于直线 $x=0$ 对称，分布曲线与标准正态分布曲线相似. 当 n 很大时(一般地 $n>30$)，t 分布近似于标准正态分布 $N(0,1)$，此时，可用标准正态分布近似代替 t 分布. 但对于较小的 n 值，t 分布与 $N(0,1)$ 相差很大.

对于给定的正数 $\alpha(0<\alpha<1)$，称满足条件

$$P\{t > t_\alpha(n)\} = \int_{t_\alpha(n)}^{+\infty} f(t)\,\mathrm{d}t = \alpha$$

的点 $t_\alpha(n)$ 为 t **分布的上** α **分位点**(也称**临界值**)，如图 2-4 所示.

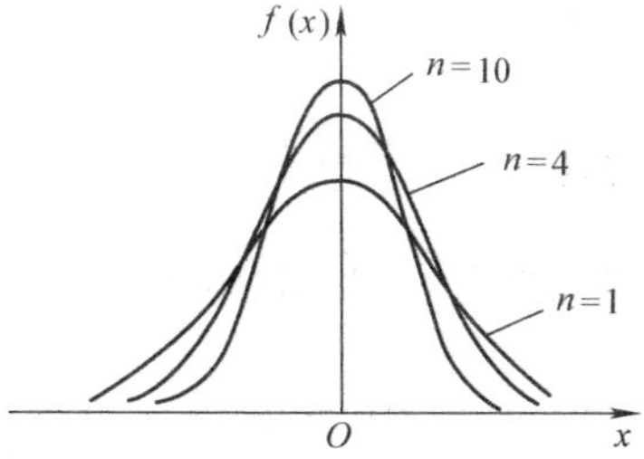

图 2-3

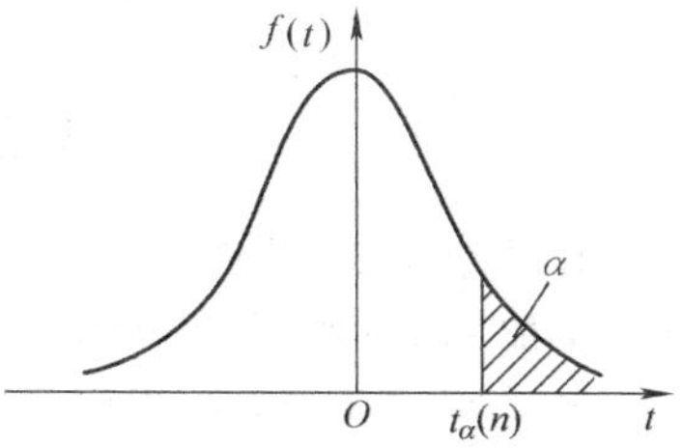

图 2-4

t 分布的上 α 分位点可通过查书后的 t 分布表(附表4)而得到. 由 t 分布的上 α 分位点的定义及其密度函数曲线 $f(x)$ 的对称性知

$$t_{1-\alpha}(n) = -t_{\alpha}(n).$$

例5 查 t 分布表，求下列各式中的上 α 分位点 λ:

(1) $P\{t(5)>\lambda\}=0.05$;

(2) $P\{t(12)<\lambda\}=0.99$.

解 (1) 自由度为 $n=5$，$\alpha=0.05$，查 t 分布表，得

$$\lambda=2.015.$$

(2) 因为 $P\{t(12)<\lambda\}=0.99$，所以

$$P\{t(12)>\lambda\}=1-P\{t(12)<\lambda\}=0.01,$$

自由度 $n=12$，$\alpha=0.01$，查 t 分布表，得 $\lambda=2.681$.

由定理3易得如下推论:

推论 设 $X_1,X_2,\cdots,X_n$ 是来自正态总体 $N(\mu,\sigma^2)$ 的一个样本，则统计量

$$T=\frac{\overline{X}-\mu}{S/\sqrt{n}}\sim t(n-1)$$

其中 $\overline{X}=\frac{1}{n}\sum_{i=1}^{n}X_i$，$S^2=\frac{1}{n-1}\sum_{i=1}^{n}(X_i-\overline{X})^2$.

习题 2-1

1. 为制订某种零件的加工定额，随机测定了12人次的加工工时，测得的加工时间数据如下(单位:分)

9.0 7.8 8.2 10.5 7.5 8.8 10.0 9.4 8.5 9.5 8.4 9.8

求样本均值、样本方差和样本标准差.

2. 在正态总体 $N(20,0.8^2)$ 中随机的抽取容量为25的样本，求样本均值落在19.64~20.04之间的概率.

3. 在正态总体 $N(80,20^2)$ 中随机的抽取容量为100的样本，求样本

均值与总体均值之差的绝对值大于 3 的概率.

4. 查表求下列各式中的临界值:

(1) $P\{U > u_\alpha\} = 0.025$; $P\{U < u_\alpha\} = 0.025$; $P\{|U| > u_{\frac{\alpha}{2}}\} = 0.025$.

(2) $P\{T(3) > t_\alpha\} = 0.2$; $P\{T(3) < t_\alpha\} = 0.2$; $P\{T|T(3)| < t_{\frac{\alpha}{2}}\} = 0.9$.

(3) $P\{\chi^2(15) > \chi^2_\alpha\} = 0.01$; $P\{\chi^2(15) < \chi^2_\alpha\} = 0.01$; $P\{\chi^2_\alpha < \chi^2(15) < \chi^2_b\} = 0.99$.

第二节　参数的点估计

数理统计的基本任务是以样本为依据来推断总体的分布规律. 在实际问题中, 总体的分布类型往往可以根据经验而定, 但确切的形式并不知道, 即总体的参数未知. 例如, 工厂生产一大批铆钉, 铆钉头的直径是一个随机变量 ξ, ξ 服从正态分布 $N(\mu,\sigma^2)$, 但参数 μ, σ^2 都不知道, 而铆钉头部的平均直径就是 $E(\xi)=\mu$, 因此需要设法估计 μ 的值. 这是可通过抽样, 利用样本值去估计 μ, σ^2. 像这样利用样本值去估计总体未知参数值的问题, 称为**参数估计**问题. 参数估计通常有两种方法: 一种是点估计, 就是以样本的某一函数值作为总体中未知参数的估计值; 另一种是区间估计, 就是把总体未知参数按照一定的概率确定在某一范围内.

设 θ 为总体 X 的待估计的参数, $(X_1,X_2,\cdots,X_n)$ 为总体 X 的一个样本, 构造一个统计量 $\hat{\theta}=f(X_1,X_2,\cdots,X_n)$ 用来估计参数 θ, 称统计量 $\hat{\theta}$ 为参数 θ 的一个**估计量**, 当 $(x_1,x_2,\cdots,x_n)$ 为一组样本观测值时, 则 $\hat{\theta}=f(x_1,x_2,\cdots,x_n)$ 就是 θ 的一个**估计值**. 因此, 对于不同的样本值, θ 的估计值一般是不同的. 在不至于混淆的情况下, 统称估计量和估计值为估计, 并都简记

为 $\hat{\theta}$.

一、矩法

习惯上，对于总体 X 的一个样本$(x_1, x_2, \cdots, x_n)$，且总体 X 均值和方差分别为 $E(X)=\mu$ 和 $D(X)=\sigma^2$，常用样本均值 $\overline{X}=\frac{1}{n}\sum_{i=1}^{n} x_i$ 来作为总体均值 μ 的点估计值，即

$$\hat{\mu}=\overline{X}=\frac{1}{n}\sum_{i=1}^{n} x_i.$$

用样本方差 $S^2=\frac{1}{n-1}\sum_{i=1}^{n}(x_i-\overline{X})^2$ 作为总体方差 σ^2 的点估计值，即

$$\hat{\sigma}^2=S^2=\frac{1}{n-1}\sum_{i=1}^{n}(x_i-\overline{X})^2.$$

例 1 某灯泡厂某天生产了一大批灯泡，从中随机抽取了 10 个进行寿命测试，得一组样本观测值(单位:h)

1050 1100 1080 1120 1250 1200

1130 1040 1200 1300

试估计这批灯泡的使用寿命.

解 $\overline{X}=\frac{1}{10}\sum_{i=1}^{10} x_i=\frac{1}{10}(1050+1100+\cdots+1300)=1147.$

$$S^2=\frac{1}{10-1}\sum_{i=1}^{10}(x_i-\bar{x})^2$$

$$=\frac{1}{9}[(1050-1147)^2+(1100-1147)^2+\cdots+(1300-1147)^2]$$

$$=7578.9.$$

于是得 μ 与 σ^2 的估计值为

$$\hat{\mu}=1147,\qquad \sigma^2=7578.9.$$

以上求估计量的方法，称为**矩法(数字特征法)**. 矩法比较直观，求估计量有时也比较直接，但产生的估计量往往不够理想. 下面介绍常用的极大似然估计法.

二、极大似然估计法

极大似然估计法是英国统计学家费希尔(R. A. Fisher)在1912年提出的，至今仍是一种重要的点估计方法.

设总体 X 的概率分布类型已知，而其中有未知参数，直观的想法是：小概率事件在一次试验中一般不会发生，而大概率事件在试验中常常会发生；反之，如果在一次试验中，随机事件"$X=x$"发生了，那么，对于离散型随机变量 X 而言，往往认为"$X=x$"的概率应较大，而对于连续型随机变量 X，往往认为 X 落在 x 附近的概率较大.

下面分离散型和连续型两种情况研究.

1. X 为离散型随机变量

设总体 X 是离散型随机变量，其分布律

$$P\{X=x\}=p(x,\theta)$$

其中，θ 是待估参数. 设$(x_1,x_2,\cdots,x_n)$是来自总体 X 的样本，称函数

$$L(\theta)=\prod_{i=1}^{n}p(x_i,\theta) \tag{2-4}$$

为样本的**似然函数**(注意,这里$(x_1,x_2,\cdots,x_n)$是已知的样本值，它们都是常数).

由上面的讨论可知，使似然函数 $L(\theta)$ 达到极大值的 $\hat{\theta}$ 作为 θ 的估计值，这样得到的 $\hat{\theta}$ 与样本值$(x_1,x_2,\cdots,x_n)$有关，常记为 $\hat{\theta}(x_1,x_2,\cdots,x_n)$，称 $\hat{\theta}$ 为 θ 的**极大似然估计值**.

于是确定极大似然估计值的问题就转化为微积分中的求极

值问题．如果似然函数 $L(\theta)$ 关于参数 θ 是可导的，求 $L(\theta)$ 的极大值时，令

$$\frac{dL(\theta)}{d\theta}=0,$$

从中解出 θ，经过适当检验，便可得到 θ 的极大似然估计值 $\hat{\theta}$. 实际计算时，由于似然函数 $L(\theta)$ 是多个函数连乘积的形式，直接对函数 $L(\theta)$ 求导比较困难，考虑到 $\ln L(\theta)$ 是 $L(\theta)$ 的增函数，$L(\theta)$ 与 $\ln L(\theta)$ 应该在 θ 的同一值处取得极大值，因此往往先对 $L(\theta)$ 取自然对数，再求导，即解方程

$$\frac{d}{d\theta}\ln L(\theta)=0,$$

从中得到的使 $\ln L(\theta)$ 取得极大值的 $\hat{\theta}$，$\hat{\theta}$ 就是参数 θ 的极大似然估计值.

例 2 设总体 X 的分布律为

$$P\{X=x\}=p^x(1-p)^{1-x} \quad (x=0,1).$$

$(x_1,x_2,\cdots,x_n)$ 是来自总体 X 的一个样本. 试求参数 p 的极大似然估计值.

解 因为 X 的分布律为

$$P\{X=x\}=p^x(1-p)^{1-x} \quad (x=0,1).$$

所以似然函数为

$$L(p)=\prod_{i=1}^{n}p^{x_i}(1-p)^{1-x_i}=p^{\sum\limits_{i=1}^{n}x_i}(1-p)^{n-\sum\limits_{i=1}^{n}x_i},$$

上式两边取自然对数，得

$$\ln L(p)=(\sum_{i=1}^{n}x_i)\ln p+(n-\sum_{i=1}^{n}x_i)\ln(1-p),$$

上式两边对 p 求导，得

$$\frac{\mathrm{d}\ln L(p)}{\mathrm{d}p}=\frac{\sum_{i=1}^{n}x_i}{p}-\frac{n-\sum_{i=1}^{n}x_i}{1-p},$$

令

$$\frac{\mathrm{d}\ln L(p)}{\mathrm{d}p}=\frac{\sum_{i=1}^{n}x_i}{p}-\frac{n-\sum_{i=1}^{n}x_i}{1-p}=0,$$

解得 p 的极大似然估计值为

$$\hat{p}=\frac{1}{n}\sum_{i=1}^{n}x_i=\overline{X}.$$

2. X 为连续型随机变量

设总体 X 是连续型随机变量，其密度函数为 $f(x,\theta)$，θ 是未知参数，$x_1,x_2,\cdots,x_n$ 是来自总体 X 的一个样本，称函数

$$L(\theta)=\prod_{i=1}^{n}f(x_i,\theta)=f(x_1,\theta)f(x_2,\theta)\cdots f(x_n,\theta) \quad (2\text{-}5)$$

为样本的**似然函数**.

与离散型随机变量的情况一样，使得似然函数 $L(\theta)$ 达到极大值的 $\hat{\theta}$ 作为 θ 的估计值，称 $\hat{\theta}$ 为参数 θ 的**极大似然估计值**.

如果似然函数 $L(\theta)$ 关于参数 θ 是可导的，求 $\hat{\theta}$ 的方法与离散型的情况类似，这里就不再叙述.

例 3　某种产品的寿命 X 服从密度函数为

$$f(x,\theta)=\begin{cases}\frac{1}{\theta}\mathrm{e}^{-\frac{x}{\theta}} & x>0(\theta>0)\\ 0 & \text{其他}\end{cases}$$

的分布，今从中抽到一样本，数据如下(单位:h)

1067　919　1196　785　1126　936　918　1156　920　948

求参数 θ 的极大似然估计值.

解 似然函数为

$$L(\theta)=\prod_{k=1}^{n}f(x_k,\theta)=\prod_{k=1}^{n}\frac{1}{\theta}e^{-\frac{x_k}{\theta}}=\frac{1}{\theta^n}e^{-\frac{1}{\theta}\sum\limits_{k=1}^{n}x_k},$$

$$\ln L(\theta)=-n\ln\theta-\frac{1}{\theta}\sum_{k=1}^{n}x_k,\frac{\mathrm{d}\ln L(\theta)}{\mathrm{d}\theta}=-\frac{n}{\theta}+\frac{1}{\theta^2}\sum_{k=1}^{n}x_k,$$

解似然方程

$$-\frac{n}{\theta}+\frac{1}{\theta^2}\sum_{k=1}^{n}x_k=0$$

得

$$\hat{\theta}=\frac{1}{n}\sum_{k=1}^{n}x_k=\bar{x}.$$

根据已知

$$\bar{x}=\frac{1}{10}(1067+919+1196+785+1126+936+918+1156+920+948)=997.$$

故 $\hat{\theta}=997$ 为 θ 的极大似然估计值.

例 4 设$(x_1,x_2,\cdots,x_n)$是来自正态总体 $N(\mu,\sigma^2)$的一个样本，试求 μ 和 σ^2 的极大似然估计值.

解 X 的密度函数为

$$f(x,\mu,\sigma^2)=\frac{1}{\sqrt{2\pi}\sigma}e^{-\frac{(x-\mu)^2}{2\sigma^2}},$$

似然函数为

$$L(\mu,\sigma^2)=\prod_{i=1}^{n}\frac{1}{\sqrt{2\pi}\sigma}e^{-\frac{(x_i-\mu)^2}{2\sigma^2}}=\left(\frac{1}{\sqrt{2\pi}\sigma}\right)^n e^{-\frac{\sum\limits_{i=1}^{n}(x_i-\mu)^2}{2\sigma^2}},$$

上式两边取自然对数，得

$$\ln L(\mu,\sigma^2)=n\ln\left(\frac{1}{\sqrt{2\pi}\sigma}\right)-\frac{1}{2\sigma^2}\sum_{i=1}^{n}(x_i-\mu)^2$$

$$= -\frac{n}{2}\ln 2\pi - \frac{n}{2}\ln\sigma^2 - \frac{1}{2\sigma^2}\sum_{i=1}^{n}(x_i-\mu)^2,$$

解方程组

$$\begin{cases} \dfrac{\partial \ln L(\mu,\sigma^2)}{\partial\mu} = \dfrac{1}{\sigma^2}\left[\sum\limits_{i=1}^{n}(x_i-\mu)\right] = 0 \\ \dfrac{\partial \ln L(\mu,\sigma^2)}{\partial\sigma^2} = -\dfrac{n}{2\sigma^2} + \dfrac{1}{2(\sigma^2)^2}\sum\limits_{i=1}^{n}(x_i-\mu)^2 = 0 \end{cases}$$

得到 μ 和 σ^2 的极大似然估计值是

$$\begin{cases} \hat{\mu} = \dfrac{1}{n}\sum\limits_{i=1}^{n} x_i = \overline{X} \\ \hat{\sigma}^2 = \dfrac{1}{n}\sum\limits_{i=1}^{n}(x_i-\overline{X})^2 \end{cases}$$

三、点估计的评价标准

设 θ 为总体中要估计的一个未知参数，$\hat{\theta}(X_1,X_2,\cdots,X_n)$ 是 θ 的估计量，人们总希望估计量能代表真实参数，根据不同的要求，评价估计量的好坏有各种各样的标准.

1. 无偏性

估计量是随机变量，对于不同的样本观测值它有不同的估计值，很合理地会要求估计值 $\hat{\theta}$ 在待估参数 θ 的周围摆动，与真值的近似程度越高越好，所以要求估计值 $\hat{\theta}$ 的均值等于未知参数 θ 的真值，这就是参数估计的无偏性.

如果未知参数 θ 的估计值 $\hat{\theta}$ 满足：

$$E(\hat{\theta}) = \theta,$$

则称 $\hat{\theta}$ 为参数 θ 的**无偏估计量**.

在科学技术中 $E(\hat{\theta}) - \theta$ 称为以 $\hat{\theta}$ 作为 θ 的估计的系统误

差. 无偏估计的实际意义就是无系统误差.

2. 有效性

对总体 X 的某一参数的无偏估计量往往不止一个，而且无偏性仅仅表明 $\hat{\theta}$ 所有可能取值的期望等于真值 θ，然而，只有在方差很小时，才能保证 $\hat{\theta}$ 的取值集中于 θ 的附近. 为此规定：如果 $\hat{\theta}_1$ 和 $\hat{\theta}_2$ 是 θ 的两个无偏估计量，样本容量都为 n，若 $\hat{\theta}_1$ 的方差小于 $\hat{\theta}_2$ 的方差，即 $D(\hat{\theta}_1)<D(\hat{\theta}_2)$，则称 $\hat{\theta}_1$ 是比 $\hat{\theta}_2$ 有效的估计量. 如果在 θ 的一切无偏估计量中 $\hat{\theta}$ 的方差最小，则称 $\hat{\theta}$ 为 θ 的**最有效估计量**.

3. 一致性

一般情况下，$\hat{\theta}\neq\theta$，但当样本容量 n 无限增大时，希望 $\hat{\theta}$ 与 θ 无限接近. 估计值 $\hat{\theta}$ 在参数真值 θ 附近的概率趋于 1. 满足上述要求的 $\hat{\theta}$ 称为参数 θ 的**一致估计量**(或**相合估计量**).

在实际问题中，无偏性和有效性是常用的评价标准，一致性只有在样本容量很大时才起作用.

例 5 设$(x_1,x_2,\cdots,x_n)$是来自总体 X 的一个样本，证明：样本均值 $\overline{X}=\dfrac{1}{n}\sum\limits_{i=1}^{n}x_i$ 是总体均值 μ 的无偏估计.

证 由 $E(x_i)=\mu(i=1,2,\cdots,n)$，得

$$E(\overline{X})=\frac{1}{n}E\left(\sum_{i=1}^{n}x_i\right)=\frac{1}{n}\sum_{i=1}^{n}E(x_i)=\frac{1}{n}\cdot n\mu=\mu.$$

所以 $\overline{X}=\dfrac{1}{n}\sum\limits_{i=1}^{n}x_i$ 是总体均值 μ 的无偏估计.

可以证明，统计量 $S^2=\dfrac{1}{n}\sum\limits_{i=1}^{n}(x_i-\overline{X})^2$ 不是总体方差 σ^2

的无偏估计. 而统计量 $S^2 = \frac{1}{n-1}\sum_{i=1}^{n}(x_i - \overline{X})^2$ 是总体方差 σ^2 的无偏估计.

对参数的估计量要求具有无偏性是合理的，因为 $\hat{\theta}$ 是一个随机变量，$E(\hat{\theta})$ 是 $\hat{\theta}$ 的代表性值，$E(\hat{\theta})=\theta$ 就是要求 $\hat{\theta}$ 理论上的均值就是客观的 θ.

习题　2-2

1. 电子元件厂从一批元件中随机抽取 10 个进行寿命检验，测得数据如下(单位:h)：

1540　1495　1500　1510　1530　1460　1530　1510　1450　1480

试估计这批元件的平均寿命及寿命的方差.

2. 设总体的分布密度为：

$$f(x,\theta)=\begin{cases}\theta x^{\theta-1} & 0<x<1\\ 0 & \text{其他}\end{cases},$$

其中，$\theta>0$ 为未知参数，若 $x_1,x_2,\cdots,x_n$ 为 X 的一个样本观察值，求 θ 的极大似然估计值.

3. 设总体 X 的分布律为

$$P\{X=x\}=p^x(1-p)^{1-x}\quad(x=0,1).$$

$(x_1,x_2,\cdots,x_n)$ 是来自总体 X 的一个样本. 试求参数 p 的极大似然估计值.

4. 设总体 X 的分布密度为

$$f(x,\theta)=\begin{cases}\theta \mathrm{e}^{-\theta x} & x\geqslant 0\\ 0 & x<0\end{cases},$$

其中 $\theta>0$ 为未知参数，今从 X 中抽取 10 个个体，得数据如下：

1050　1100　1080　1200　1300　1250　1340　1060　1150　1150

求 θ 的极大似然估计值.

5. 设总体 $X\sim N(\mu,1)$，今从中任取一个容量为 3 的样本 x_1，x_2，

x_3，试证下述两个估计都是 μ 的无偏估计，并指出哪一个更有效.

(1) $\hat{\mu}=\frac{1}{5}x_1+\frac{3}{10}x_2+\frac{1}{2}x_3$；　　(2) $\hat{\mu}=\frac{1}{3}x_1+\frac{1}{4}x_2+\frac{5}{12}x_3$.

第三节　参数的区间估计

用点估计法来估计总体参数时，是以一个样本得到的样本值算得估计量来完成的，但由于样本的随机性，这样的估计值不一定是待估参数的真值. 那么，它究竟和真值相差多少呢？误差的范围有多大？可靠程度如何？这在点估计中是难以回答的. 因此，我们希望能估计出一个范围，使它有较大的可靠程度来包含待估参数的真值，这个范围通常用区间形式表示，这就是参数的**区间估计**.

其具体做法是：

设 θ 是总体 X 的未知参数，$(X_1,X_2,\cdots,X_n)$ 是来自总体 X 的一组样本. 如果由样本所确定的两个统计量 $\hat{\theta}_1$，$\hat{\theta}_2$ 对于 α $(0<\alpha<1)$ 能满足条件

$$P(\hat{\theta}_1<\theta<\hat{\theta}_2)=1-\alpha \tag{2-6}$$

则区间 $(\hat{\theta}_1,\hat{\theta}_2)$ 称为 θ 的 $1-\alpha$ 置信区间，$\hat{\theta}_1$ 和 $\hat{\theta}_2$ 分别叫置信区间的下限和上限，$1-\alpha$ 称为置信度或置信系数. 而 α 是事先给定的一个小正数，它是指参数估计不准的概率，称其为显著性水平. 式(2-6)不是 θ 落在置信区间 $(\hat{\theta}_1,\hat{\theta}_2)$ 内的概率，而是 θ 被置信区间涵盖的概率是 $1-\alpha$. 因为一个确定的总体，参数 θ 的值也是确定的，而样本是一个随机变量，置信区间则是由样本值来确定的. 由此可以推断，置信区间越大，涵盖 θ 的概率也越大，即置信度越高，然而误差也较大. 反之，区间

越小，误差越小，置信度越低，涵盖 θ 的概率也越小．在具体实施区间估计时，要结合问题的具体要求，全面地考虑准确性和可靠性的关系．

一、总体期望 μ 的区间估计

1. 总体方差 σ^2 已知时，期望 μ 的区间估计

（1）正态总体小样本下 μ 的区间估计　设 $(X_1,X_2,\cdots,X_n)$ 为取自总体 $X\sim N(\mu,\sigma^2)$ 的一组样本，$\overline{X}=\frac{1}{n}\sum\limits_{i=1}^{n}x_i$ 是 μ 的无偏估计量，利用 $\overline{X}$ 求 μ 的置信区间．其步骤如下：

因为

$$\overline{X}=\frac{1}{n}\sum_{i=1}^{n}x_i\sim N\left(\mu,\frac{\sigma^2}{n}\right),$$

则

$$U=\frac{\overline{X}-\mu}{\sigma/\sqrt{n}}\sim N(0,1). \tag{2-7}$$

且 U 中只含待估参数 μ．如图 2-5 所示，对于给定的置信度 $1-\alpha$，由上 α 分位点的概念及标准正态分布的性质可知：

$$P\left\{\left|\frac{\overline{X}-\mu}{\sigma/\sqrt{n}}\right|<u_{\frac{\alpha}{2}}\right\}=1-\alpha.$$

即

$$P\left\{-u_{\frac{\alpha}{2}}<\frac{\overline{X}-\mu}{\sigma/\sqrt{n}}<u_{\frac{\alpha}{2}}\right\}=1-\alpha,$$

于是

$$P\left\{\overline{X}-\frac{\sigma}{\sqrt{n}}u_{\frac{\alpha}{2}}<\mu<\overline{X}+\frac{\sigma}{\sqrt{n}}u_{\frac{\alpha}{2}}\right\}=1-\alpha.$$

故所求总体期望 μ 的置信度为 $1-\alpha$ 的置信区间为

$$\left(\overline{X}-\frac{\sigma}{\sqrt{n}}u_{\frac{\alpha}{2}},\ \overline{X}+\frac{\sigma}{\sqrt{n}}u_{\frac{\alpha}{2}}\right). \tag{2-8}$$

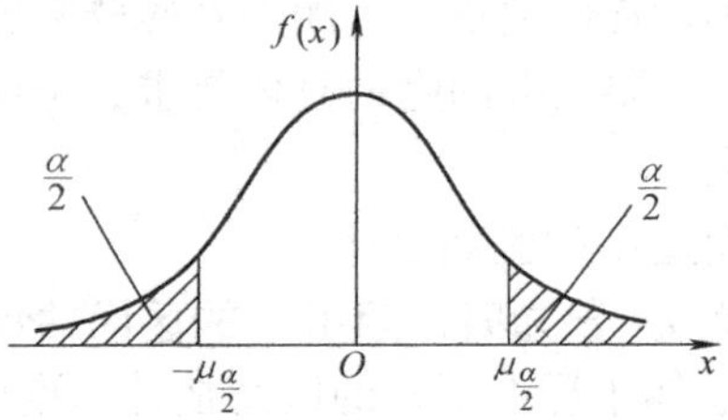

图 2-5

例 1 某零件长度服从正态分布 $X \sim N(\mu, 0.15^2)$，从中随机的抽取 9 件，测得其长度(单位:mm)分别为:

21.1 21.3 21.4 21.5 21.3 21.7 21.4 21.3 21.6

求零件的平均长度 μ 的置信区间($\alpha = 0.05$).

解

$$\hat{\mu} = \overline{X} = \frac{1}{9}(21.1 + 21.3 + 21.4 + 21.5 + 21.3 + 21.7 + 21.4 + 21.3 + 21.6) = 21.4.$$

$n = 9$，$\sigma = 0.15$，由 $\alpha = 0.05$，$1 - \frac{\alpha}{2} = 0.975$，查表得 $u_{\frac{\alpha}{2}} = 1.96$. 即

$$P\left\{21.4 - \frac{0.15}{\sqrt{9}} \times 1.96 < \mu < 21.4 + \frac{0.15}{\sqrt{9}} \times 1.96\right\}$$

$$= P(21.302 < \mu < 21.498) = 0.95.$$

即零件平均长度在置信度为 0.95 下的置信区间为(21.302, 21.948). 这说明我们能以 95% 的概率保证该零件的平均长度在 21.302 ~ 21.948mm 之间.

(2) 一般总体大样本下 μ 的区间估计　当总体为非正态总体时，且样本容量 n 足够大时，样本期望 $\overline{X}$ 渐近地服从期望为 μ，方差为 $\frac{\sigma^2}{n}$ 的正态分布. 经验上规定 $n \geqslant 30$ 就可以认为

样本容量足够大了. 这时仍用式(2-8)对 μ 进行估计.

通过上面的分析，可以看到寻求未知参数 θ 的置信区间的具体步骤是：

第一步：寻求一个样本$(x_1,x_2,\cdots,x_n)$的函数 $Z=Z(x_1,x_2,\cdots,x_n,\theta)$，满足下列三个条件：

① Z 含有所求的未知参数 θ，而不含其他未知参数；

② Z 的分布已知，且不依赖于其他未知参数；

③ 不等式 $\lambda_1<Z(x_1,x_2,\cdots,x_n,\theta)<\lambda_2$ 可变形为

$$\hat{\theta}_1(x_1,x_2,\cdots,x_n,\lambda_1,\lambda_2)<\theta<\hat{\theta}_2(x_1,x_2,\cdots,x_n,\lambda_1,\lambda_2).$$

满足上面三个条件的 $Z=Z(x_1,x_2,\cdots,x_n,\theta)$ 在很多场合可以由未知参数的点估计经过变形而获得.

第二步：对于给定的置信度 $1-\alpha$，确定点 λ_1，λ_2，使得

$$P\{\lambda_1<Z(x_1,x_2,\cdots,x_n,\theta)<\lambda_2\}=1-\alpha.$$

第三步：由 $\lambda_1<Z(x_1,x_2,\cdots,x_n,\theta)<\lambda_2$ 等价变形为

$$\hat{\theta}_1(x_1,x_2,\cdots,x_n)<\theta<\hat{\theta}_2(x_1,x_2,\cdots,x_n),$$

则区间$(\hat{\theta}_1,\hat{\theta}_2)$为 θ 的置信度为 $1-\alpha$ 的置信区间.

2. 总体方差 σ^2 未知，期望 μ 的区间估计

(1) 正态总体小样本下 μ 的区间估计　实际问题中，总体方差往往是未知的，此时可用样本方差 S^2 代替 σ^2 来建立置信区间.

设$(x_1,x_2,\cdots,x_n)$为来自总体 $X\sim N(\mu,\sigma^2)$的一个样本，其中 μ 未知，σ^2 未知. 由于 σ^2 未知，此时不能使用式(2-8)给出的区间，因其中含未知参数 σ，考虑到 $S^2=\dfrac{1}{n-1}\sum_{i=1}^{n}(x_i-\overline{X})^2$ 是 σ^2 的无偏估计，将式(2-8)中的 σ 换成 $S=\sqrt{S^2}$，并且有

$$\frac{\overline{X}-\mu}{S/\sqrt{n}} \sim t(n-1).$$

上式右边的 $t(n-1)$ 不依赖于任何参数. 如图 2-6 所示，由 t 分布的上 α 分位点的概念和 t 分布的图像，可得

$$P\left\{\left|\frac{\overline{X}-\mu}{S/\sqrt{n}}\right| < t_{\frac{\alpha}{2}}(n-1)\right\}=1-\alpha.$$

即

$$P\left\{-t_{\frac{\alpha}{2}}(n-1) < \frac{\overline{X}-\mu}{S/\sqrt{n}} < t_{\frac{\alpha}{2}}(n-1)\right\}=1-\alpha,$$

于是

$$P\left\{\overline{X}-\frac{S}{\sqrt{n}}t_{\frac{\alpha}{2}}(n-1) < \mu < \overline{X}+\frac{S}{\sqrt{n}}t_{\frac{\alpha}{2}}(n-1)\right\}=1-\alpha.$$

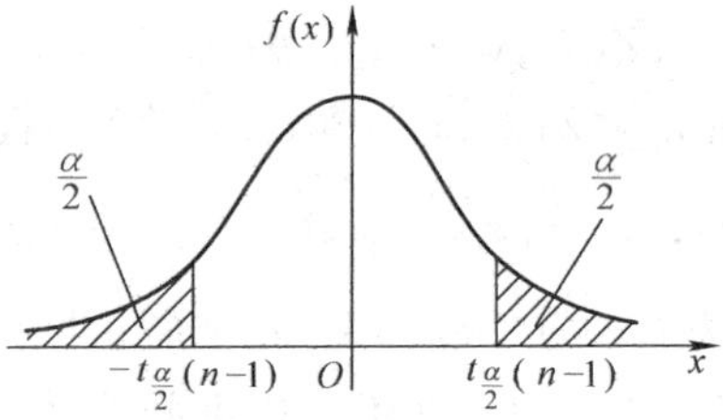

图 2-6

故所求总体期望 μ 的置信度为 $1-\alpha$ 置信区间为

$$\left(\overline{X}-\frac{S}{\sqrt{n}}t_{\frac{\alpha}{2}}(n-1),\ \overline{X}+\frac{S}{\sqrt{n}}t_{\frac{\alpha}{2}}(n-1)\right). \tag{2-9}$$

例 2 某糖厂用自动打包机包糖，设每包糖的重量服从正态分布，某日开工后测得 9 包糖重量如下：

99.5　98.7　100.5　101.2　98.3　99.7　99.5　102.1　100.5

求糖厂平均每包糖重 μ 的置信水平为 0.95 的置信区间.

解 根据已知计算得出

$$\overline{X}=\frac{1}{9}(99.5+98.7+100.5+101.2+98.3+99.7+$$
$$99.5+102.1+100.5)=100,$$
$$S^2=1.44,\ S=1.2.$$

再根据 $\alpha=0.05$，$n-1=8$，查表得 $t_{\frac{\alpha}{2}}(8)=2.3060$. 所以，$\mu$ 的置信度为0.95 的置信区间为

$$\left(100-\frac{1.2}{\sqrt{9}}\times 2.3060, 100+\frac{1.2}{\sqrt{9}}\times 2.3060\right),\text{即}(99.0776, 100.9224).$$

即总体期望 μ 的置信水平为 0.95 的置信区间为(99.0776, 100.9224).

（2）一般总体大样本下 μ 的区间估计　一般总体大样本下，对 μ 的区间估计可用 S^2 代替 σ^2，并用式(2-9)对 μ 进行估计.

在实际问题中，总体方差 σ^2 未知的情形较多，故式(2-9)较式(2-8)有更大的实用价值.

二、方差 σ^2 的区间估计

这里只考虑正态总体小样本下方差的区间估计. 由于方差 σ^2 的无偏估计为 S^2，并且有

$$\frac{(n-1)S^2}{\sigma^2}\sim\chi^2(n-1),$$

上式右边的分布 $\chi^2(n-1)$ 不依赖于任何未知参数. 如图 2-7 所示，由 χ^2 分布的上 α 分位点的概念和 χ^2 分布的图像，可得

$$P\left\{\chi^2_{1-\frac{\alpha}{2}}(n-1)<\frac{(n-1)S^2}{\sigma^2}<\chi^2_{\frac{\alpha}{2}}(n-1)\right\}=1-\alpha.$$

即

$$P\left\{\frac{(n-1)S^2}{\chi^2_{\frac{\alpha}{2}}(n-1)}<\sigma^2<\frac{(n-1)S^2}{\chi^2_{1-\frac{\alpha}{2}}(n-1)}\right\}=1-\alpha,$$

即方差 σ^2 的置信度为 $1-\alpha$ 的置信区间为

$$\left(\frac{(n-1)S^2}{\chi^2_{\frac{\alpha}{2}}(n-1)},\ \frac{(n-1)S^2}{\chi^2_{1-\frac{\alpha}{2}}(n-1)}\right).$$

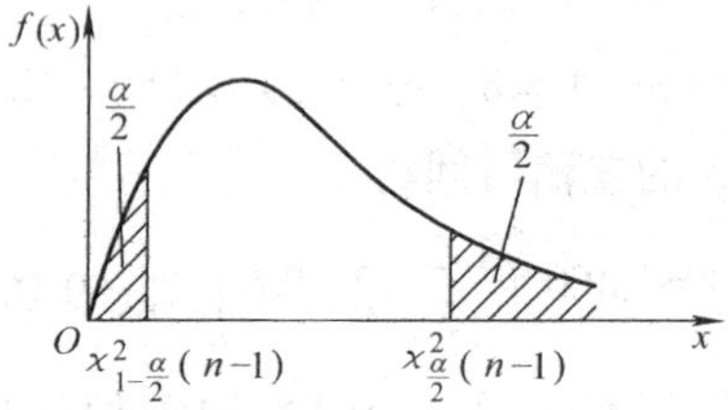

图 2-7

例 3 求例 2 中总体方差 σ^2 的置信度为 0.95 的置信区间.

解 由于 $P\{\chi^2(8)>\chi^2_a\}=1-P\{\chi^2(8)\leqslant\chi^2_a\}=1-\frac{\alpha}{2}=0.975.$

根据概率 0.975 及自由度 8，查表得 $\chi^2_a=2.18$. 又因为 $P\{\chi^2(8)>\chi^2_b\}=0.025$，根据概率 0.025 及自由度 8，查表得 $\chi^2_b=17.5$.

由例 2 知 $S^2=1.44$，所以

$$\frac{(n-1)S^2}{\chi^2_a}=\frac{8\times1.44}{2.18}\approx5.284,\ \frac{(n-1)S^2}{\chi^2_b}=\frac{8\times1.44}{17.5}\approx0.658.$$

于是 σ^2 的置信度为 0.95 的置信区间为(0.685,5.284).

习题 2-3

1. 从某种材料中抽取 100 件，测得其硬度的样本均值为 132，已知被测总体硬度方差为 16.5^2，试求材料硬度总体期望的置信区间($\alpha=0.05$).

2. 某县 2006 年进行的一次抽样调查表明：调查的 400 户农民家庭

平均每人每年的化纤布销售量为3.3m，又由过去的统计资料获知总体服从正态分布且方差为0.96，试以95%的置信度估计该县2006年农民家庭平均每人化纤布销售量的置信区间.

3. 某车间生产滚珠，直径$X\sim N(\mu,0.062^2)$，从某日的产品中随机抽取6个，测得直径为(单位:mm)：

15.2　15.1　14.9　14.6　15.1　14.8

求平均直径μ的置信度为0.9的置信区间.

4. 已知某种材料抗压值服从正态分布，现对10个试件作抗压值试验，所得数据如下(单位:kg/cm^2)：

469　394　418　435　446　510　471　457　493　482

试对该材料的平均抗压值进行区间估计($\alpha=0.05$).

5. 某公司订购一批玻璃，随机抽取20片进行测试，其折光率的样本方差为0.00023，假定折光率按正态分布，求其方差σ^2的90%置信区间.

6. 某型号飞机的最大飞行速度$X\sim N(\mu,\sigma^2)$，但μ和σ^2未知，现对飞机的飞行速度进行10次独立测试，测得飞机的最大飞行速度(单位:m/s)为：

422.2　425.6　418.3　420.7　425.8　423.1

431.5　428.2　434.0　417.2

试求总体期望μ和方差σ^2的98%置信区间.

第四节　参数的假设检验

上一节介绍了对总体中未知参数的估计方法，本节将介绍统计推断中另一个重要问题，就是先对总体的未知参数做出一些假设，然后根据样本提供的信息，利用统计分析的方法来检验这一假设是否正确，从而做出接受或拒绝的决定，这就是假设检验问题.

一、假设检验的概念

1. 假设检验的概念及方法步骤

在数理统计中，对总体 X 提出的一个命题叫做**统计假设**，简称**假设**. 一个仅涉及 X 中几个未知参数的假设称为**参数假设**. 根据样本提供的信息对某个参数假设作出否定或接受的判断叫做对于这个参数假设的检验，简称**假设检验**. 对未知参数提出的假设称为原假设或待检假设，用 H_0 表示.

例 1 某糖厂用自动包装机包装食糖，假设每袋装入的食糖净重(单位:kg)服从正态分布 $N(0.5,0.015^2)$，某日随机抽取 9 袋，测得平均每袋的净重 $\bar{x}=0.51$kg，问这天包装机工作是否正常?

解 设 X 为一袋食糖的净重，显然 X 是一随机变量，且 $X\sim N(0.5,0.015^2)$，问题转化为判断 $E(\bar{x})=0.5$ 是否成立? 为了做出这个判断，可以假设 $H_0:\mu=0.5$，然后利用样本值对假设进行检验. 同在参数估计中一样，需要借助于合适的检验统计量进行推断，这一检验统计量应与 $\bar{x}$ 有关.

在 $H_0:\mu=0.5$ 成立时，$E(\bar{x})=\mu=0.5$，因而

$$U=\frac{\bar{X}-\mu}{\frac{\sigma}{\sqrt{n}}}=\frac{\bar{X}-0.5}{\frac{0.015}{\sqrt{9}}}\sim N(0,1),$$

对于事先给定的小概率 $\alpha=0.05$，查表得 $u_{\frac{\alpha}{2}}=1.96$，即 $P(|U|>1.96)=0.05$，这说明事件 $\{|U|>1.96\}$ 为一小概率事件，再由样本均值 $\bar{x}=0.51$ 计算出

$$|U|=\left|\frac{0.51-0.5}{\frac{0.015}{\sqrt{9}}}\right|=2,$$

显然，$2>1.96$. 以上结果说明在原假设成立的条件下，小概率事件居然在一次试验中发生了，这不符合小概率原理，应认

为 $H_0:\mu=0.5$ 是不正确的，即拒绝 H_0，有理由认为该天包装机工作不正常.

至于什么算是“小概率”，这是根据具体问题的要求在检验之前事先指定的，如5%、1%等，记作 α，α 是一个事先给定的小的正数，称为**显著性水平**或**检验水平**.

例 1 中，对假设 $H_0:\mu=0.5$，进行检验，当 $|U|>1.96$ 时，就要拒绝 H_0，当 $|U|\leqslant 1.96$ 时，就要接受 H_0. 因此，数理统计中把拒绝 H_0 的区域称为检验的**拒绝域**；其余的区域是**接受域**. 拒绝域与接受域的边界称为**临界点**，如图 2-8 所示.

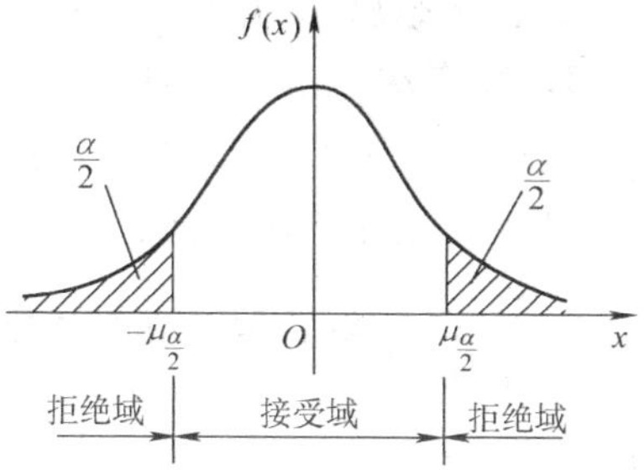

图　2-8

根据对例 1 的讨论与分析，可将假设检验的基本步骤概括如下：

(1) 对总体分布或参数提出假设，即说明需要检验的假设 H_0 的具体内容；

(2) 选取适当的统计量，并在假设 H_0 成立的条件下确定该统计量的分布；

(3) 按问题的具体要求，选取适当的显著性水平 α. 根据统计量的分布查表，得出对应于 α 的临界值，从而确定接受域和拒绝域；

(4) 根据样本观测值计算统计量的值，再与临界值比较，从而对接受或拒绝 H_0 做出判断.

2. 两类错误

由于假设检验应用的是小概率原理，尽管有 $1-\alpha$ 的概率保证结果是正确的，但是仍有概率为 α 的可能性使我们做出错误的推断，其错误有两类：

第一类错误：原假设 H_0 符合实际情况，而检验结果却把它否定了，称为**弃真错误**.

第二类错误：原假设 H_0 不符合实际情况，而检验结果却把它肯定了，称为**取伪错误**.

自然，人们希望出现这两类错误的概率越小越好，但在样本容量 n 一定时，犯这两类错误的概率不可能同时减小. 一般是先控制犯第一类错误的概率，再考虑如何减小犯第二类错误的概率.

二、正态总体的假设检验

1. 方差 σ^2 已知，检验假设 $H_0:\mu=\mu_0$（U 检验法）

设$(x_1,x_2,\cdots,x_n)$是来自正态总体 $X\sim N(\mu,\sigma^2)$ 的一个样本，其中 μ 未知，σ^2 已知，给定显著性水平 α. 可利用统计量 $U=\dfrac{\overline{X}-\mu_0}{\sigma/\sqrt{n}}$来检验正态分布总体的期望，这种方法叫做 **$U$ 检验法**.

例 2 某厂生产一种钢索，它的断裂强度 $X(\text{kg/cm}^2)$ 服从正态分布 $N(\mu,40^2)$，现从中抽取一个容量为 9 的样本，其均值 $\bar{x}=780\text{kg/cm}^2$，根据此样本能否认为这批钢索的断裂强度为 $800\text{kg/cm}^2(\alpha=0.05)$？

解 （1）假设 H_0：$\mu=800$.

（2）选取统计量

$$U=\frac{\overline{X}-\mu}{\sigma/\sqrt{n}}=\frac{\overline{X}-800}{\frac{40}{\sqrt{9}}}\sim N(0,1).$$

（3）因为 $\alpha=0.05$，得 $1-\dfrac{\alpha}{2}=0.975$，查表得 $u_{\frac{\alpha}{2}}=1.96$.

(4) 计算 $|U| = \left|\dfrac{780-800}{\dfrac{40}{3}}\right| = 1.5 < 1.96.$

(5) 因为 $|U| = 1.5 < 1.96$，故接受原假设 H_0，即可以认为这批钢索的断裂强度为 800kg/cm^2.

2. 方差 σ^2 未知，检验假设 H_0：$\mu = \mu_0$（T 检验法）

设总体 $X \sim N(\mu, \sigma^2)$，其中 μ，σ 未知，设 $(x_1, x_2, \cdots, x_n)$ 是来自正态总体 X 的一个样本. 下面我们来检验假设 H_0：$\mu = \mu_0$ 的正确性（显著性水平为 α）.

由于 σ^2 未知，现在不能利用统计量 $U = \dfrac{\overline{X} - u_0}{\sigma/\sqrt{n}}$ 来进行检验，注意到 S^2 是 σ^2 的无偏估计，我们用 S 来代替 σ，采用统计量

$$T = \frac{\overline{X} - u_0}{S/\sqrt{n}} \sim t(n-1).$$

其拒绝域和接受域如图 2-9 所示.

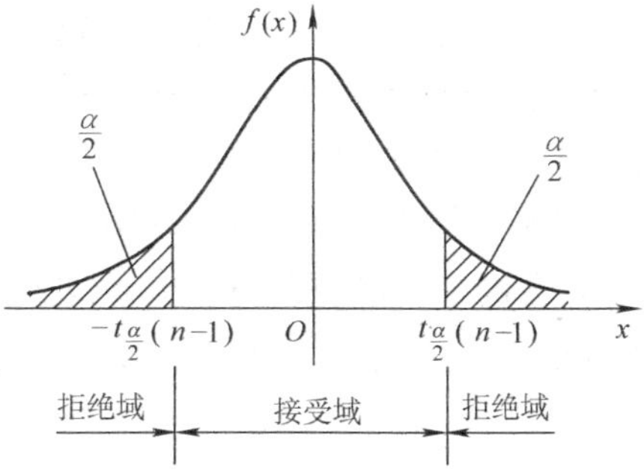

图　2-9

例 3　某库房要验收大批同类货物，按规定这批货物平均每件的重量应为 100kg，且每件货物重量服从正态分布，今随

机抽取 10 件，测得重量分别是：

97 98 98 98 99 99 101 102 103 101

问能否接受这批货物($\alpha=0.05$)？

解 (1) 假设 H_0：$\mu=100$.

(2) 因为总体方差 σ^2 未知，选取统计量 $T=\dfrac{\overline{X}-100}{S/\sqrt{n}}\sim t(10-1)$进行检验.

(3) 对于显著性水平 $\alpha=0.05$ 及自由度 $n-1=9$，由 $P(|T|>t_{\frac{\alpha}{2}})=\alpha=0.05$，查附表得 $t_{\frac{\alpha}{2}}=2.262$.

(4) 由样本值可求得 $\overline{x}=\dfrac{1}{10}\sum\limits_{k=1}^{10}x_k=99.6$，$S=\sqrt{\dfrac{1}{9}\sum\limits_{k=1}^{10}(x_k-\overline{x})^2}=2.011$，所以

$$|T|=\left|\frac{99.6-100}{\frac{2.011}{\sqrt{10}}}\right|=0.629<2.262.$$

故应接受 H_0. 即说明该库房可以接受这批货物.

3. 未知均值 μ，检验假设 H_0：$\sigma^2=\sigma_0^2$(χ^2 检验法)

方差反映了统计对象波动的程度，是总体稳定状况的一个重要标志，在许多实际问题中要检验 $H_0:\sigma^2=\sigma_0^2$(σ_0^2 为已知常数)是否成立. 解决这个问题可将 S^2 与 σ_0^2 进行比较，当 S^2/σ_0^2 的值很大或很小时，则表示 S^2 与 σ_0^2 相差很大，H_0 就不成立. 我们知道

$$\chi^2=\frac{(n-1)S^2}{\sigma^2}\sim\chi^2(n-1)$$

因此对正态总体方差进行检验时，选用 χ^2 统计量. 这种方法叫做 **χ^2 检验法**. 其接受域和拒绝域如图 2-10 所示.

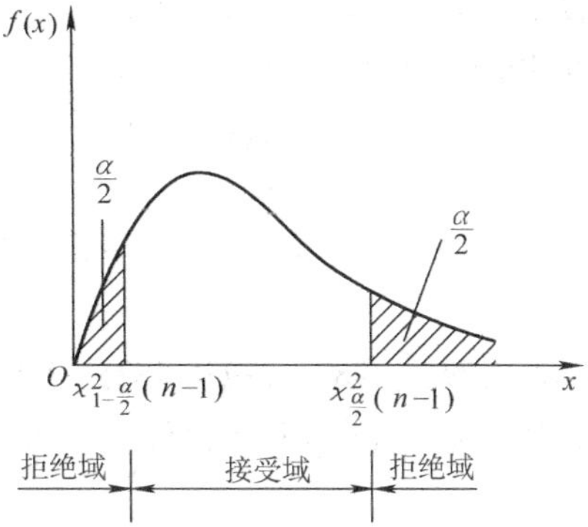

图　2-10

例 4　某厂生产的某型号电池寿命服从方差 $\sigma^2=500$ 的正态分布. 现有一批电池，从它的生产情况看，寿命波动很大. 为判断这种看法是否合乎实际，从中随机抽取 26 只电池，测出其寿命的样本方差 $S^2=720$，根据这个数据能否判定这批电池的波动性较以往的有显著性变化($\alpha=0.01$)？

解　设电池寿命为 X，则 X 是一随机变量且 $X\sim N(\mu,500)$，μ 未知. 根据题意

假设

$$H_0:\sigma^2=\sigma_0^2=500.$$

在 H_0 成立的条件下，选取统计量 $\chi^2=\dfrac{(26-1)S^2}{500}\sim\chi^2(26-1)$.

对于 $\alpha=0.01$ 及自由度 $n-1=25$，

$$P(\chi^2(25)>\chi_a^2)=1-\frac{\alpha}{2}=0.995,\ P(\chi^2(25)>\chi_b^2)=0.005$$

查附表得

$$\chi_a^2=10.5,\ \chi_b^2=46.9.$$

由样本值计算　$\chi^2=\dfrac{(26-1)\times720}{500}=36$，显然

$$10.5<36<46.9,$$

所以，应接受 H_0，即在检验水平 $\alpha=0.01$ 下可以认为这批电池的波动性较以往的无显著性变化.

例 5 某厂生产的仪表，已知其寿命 X 服从正态分布，寿命方差经测定为 $\sigma^2=150$. 现在由于某种原材料的改变，需要对生产的一批产品进行检验，抽取 10 个样品测得其寿命(单位:h)为：

1801 1785 1812 1792 1782 1795 1825 1787 1807 1792

问这批仪表的寿命方差与 $\sigma^2=150$ 比较，差异是否显著($\alpha=0.05$)？

解 提出假设 $H_0:\sigma^2=150$，$H_1:\sigma^2\neq150$.

在 H_0 成立的条件下，选用统计量

$$\chi^2=\frac{(n-1)S^2}{150}\sim\chi^2(n-1).$$

由 $P(\chi^2<\chi^2_{1-\frac{\alpha}{2}}(n-1))=0.025$，知

$P(\chi^2>\chi^2_{1-\frac{\alpha}{2}}(n-1))=0.975$，$P(\chi^2>\chi^2_{\frac{\alpha}{2}}(n-1))=0.025$，

自由度为 $n-1=9$，查 χ^2 分布表得

$\chi^2_{1-\frac{\alpha}{2}}(n-1)=\chi^2_{0.975}(9)=2.700$，$\chi^2_{\frac{\alpha}{2}}(n-1)=\chi^2_{0.025}(9)=19.023$，

于是拒绝域为 $(0,2.700)\cup(19.023,+\infty)$，接受域为 $(2.700,19.023)$.

由已知数据，得

$$\overline{X}=1797.8，S^2\approx182.4，$$

所以

$$\chi^2=\frac{(n-1)S^2}{150}=\frac{9\times182.4}{150}\approx10.94.$$

比较可知

$$2.700<10.94<19.023.$$

故可接受 H_0，即某种原材料改变后该产品寿命方差与原方差

表 2-1 一个正态总体的检验

方法	条件	假设检验	统计量	应查表	临界值	拒绝域
U 检验	已知 $\sigma^2=\sigma_0^2$	$H_0:\mu=\mu_0$	$U=\dfrac{\overline{X}-\mu_0}{\sigma_0/\sqrt{n}}$	标准正态分布函数表	$\Phi(u_{\frac{\alpha}{2}})=1-\dfrac{\alpha}{2}$	$(-\infty,-u_{\frac{\alpha}{2}})\cup(u_{\frac{\alpha}{2}},+\infty)$
		$H_0:\mu\leqslant\mu_0$			$\Phi(u_\alpha)=1-\alpha$	$(u_\alpha,+\infty)$
		$H_0:\mu\geqslant\mu_0$				$(-\infty,-u_\alpha)$
T 检验	未知 σ^2	$H_0:\mu=\mu_0$	$U=\dfrac{\overline{X}-\mu_0}{S/\sqrt{n}}$	自由度为 $n-1$ 的 t 分布表	$P(\|T\|>t_{\frac{\alpha}{2}})=\alpha$	$(-\infty,-t_{\frac{\alpha}{2}})\cup(t_{\frac{\alpha}{2}},+\infty)$
		$H_0:\mu\leqslant\mu_0$			$P(\|T\|>t_\alpha)=2\alpha$	$(t_\alpha,+\infty)$
		$H_0:\mu\geqslant\mu_0$				$(-\infty,-t_\alpha)$
χ^2 检验	未知 μ	$H_0:\sigma^2=\sigma_0^2$	$\chi^2=\dfrac{(n-1)S^2}{\sigma_0^2}$	自由度为 $n-1$ 的 χ^2 分布表	$P(\chi^2>\chi_a^2)=1-\dfrac{\alpha}{2}$ $P(\chi^2>\chi_b^2)=\dfrac{\alpha}{2}$	$(-\infty,\chi_a^2)\cup(\chi_b^2,+\infty)$
		$H_0:\sigma^2\leqslant\sigma_0^2$			$P(\chi^2>\chi_b^2)=\alpha$	$(\chi_b^2,+\infty)$
		$H_0:\sigma^2\geqslant\sigma_0^2$			$P(\chi^2>\chi_a^2)=1-\alpha$	$(-\infty,\chi_a^2)$

总体为 $N(\mu,\sigma^2)$，样本为 $(X_1,X_2,\cdots X_n)$，α 为检验水平

没有显著差异.

表 2-1 列出了常用的正态总体的几种假设检验所用的统计量及拒绝域.

习题 2-4

1. 已知某产品的一项指标服从正态分布，标准差为 150，今抽取一个容量为 26 的样本，测得样本均值为 1637，问在 5% 的检验水平下，能否认为这种产品的期望值 μ 为 1600?

2. 已知某炼铁厂铁水含炭量服从正态分布 $N(4.55,0.108^2)$，现在测定了 5 炉铁水，其含炭量分别为:

4.42　4.35　4.37　4.28　4.40

如果估计方差没有变化，可否认为现在生产的铁水均含炭量为 4.55($\alpha=0.05$)?

3. 已知某一实验，其温度服从正态分布 $N(\mu,\sigma^2)$，现在测量了温度的五个值为:

1250　1265　1245　1260　1275

问是否可以认为 $\mu=1277$($\alpha=0.05$)?

4. 正常人的脉搏平均为 72 次/分，某医生对 10 例慢性四乙基铅中毒者的脉搏进行测量，结果如下(次/分):

54　67　68　78　70　66　67　70　65　69

若四乙基铅中毒者的脉搏服从正态分布，问其脉搏与正常人有无显著差异($\alpha=0.05$)?

5. 某种导线的电阻服从正态分布 $N(\mu,0.005^2)$，今从新生产的一批导线中抽取 9 根，测其电阻(均值)得 $\overline{R}=0.008\Omega$，对于 $\alpha=0.05$ 能否认为这批导线电阻的标准差仍为 0.005?

6. 某个计算机公司所使用的现行系统，通过每个程序的平均时间为 45s，今在一个新的系统中进行试验，试通 9 个程序所需的计算时间如下(单位:s):

30　37　42　35　36　40　47　48　45

由此数据能否断言，新系统能减少通过程序的平均时间(假定通过程序的时间服从 $N(\mu,\sigma^2)$ $(\alpha=0.05)$)？

数学史料

数理统计发展简史

统计学是一门研究如何根据事物的随机性规律来收集、分析数据并用于进行推断的科学. 它在自然科学、社会科学、军事科学以及人文科学中都有广泛的应用. 计算机及软件技术的发展，使很多以前无法进行的统计计算变为可能，使得统计学的应用日趋普及. 现在，统计学的应用几乎遍及所有科学领域和经济部门，统计学的一些基本概念和知识已成为很多社会生活和经济活动的必备常识.

很早以前，人们在各种生产生活实践中，进行着许多收集和整理数据的工作，这是数理统计发展历史的起始阶段. 所以，数理统计是古老的学科之一. 如用直方图估计总体、符号检验法等在很早以前就已经使用了.

到了 18 世纪末和 19 世纪初，在对天文学和测地学研究的基础上，高斯(C. F. Gauss)和勒让德(A. M. Legen-dre)发表了最小二乘法和正态误差理论. 1894 年，皮尔逊(E. S. Peatson)提出了矩估计法，并于 1900 年证明了拟合优度的检验统计量的极限分布问题. 1908 年，皮尔逊的学生英国医生哥色特(W. S. Gosset)导出了正态总体下统计量的精确分布. 比皮尔逊略晚的英国统计学家费希尔(R. A. Fisher)对现代数理统计的形成和发展做出了巨大贡献. 他在 1912 年提出了最大似然估计法，并在 1921 年和 1925 年又加以发展. 他系统地发展了正态总体下种种统计量的小样本精确分布，包括样本相关系数、偏相关系数、复相关系数、回归系数及方差比的分布. 他还把皮尔逊的拟合优度检验的理论推广到带参数的情况. 他与合作者叶(F. Yates)发表了一整套与实验设计相适应的数据分析方法——方差分析. 以上这些在20世纪20年代做出的贡献标志着相关回归分析和多元分析的初步建立.

20世纪30年代统计学家奈曼(J. Neyman)创立了区间估计的一种严格的理论——置信区间理论. 他和皮尔逊一起大约用了10年时间, 建立了假设检验一整套严格的理论, 使统计方法有了更广泛的应用.

20世纪40年代末期, 沃尔德(A. Wald)创立的统计决策函数理论为数理统计开拓了一些新的研究领域, 像参数估计、假设检验这些分支都受到了它的重大影响.

我国著名数理统计学家许宝禄, 早年曾就学于费希尔. 他对数理统计的发展, 特别是在多元分析和线性模型的统计推断方面, 做出了重要的贡献.

第二次世界大战以后, 统计学得到迅猛的发展. 其应用范围之广几乎涵盖了自然和社会的各个领域, 特别是计算机的问世和其性能的不断改进, 为许多用手工难以实现的统计计算方法开辟了新的通路. 这也大大促进了这门学科的蓬勃发展, 并为其更好地为人类服务提供了更广阔的空间.

复习题二

1. 设总体的一组样本观测值为:

0.3　0.8　0.27　0.35　0.62　0.55

试由样本数字特征求出总体均值 μ 和均方差 σ 的估计值.

2. 某灯泡厂生产的灯泡, 从长期生产实践可知灯泡的使用寿命服从正态分布, 现从某天生产的产品中, 随机地抽取7只灯泡进行寿命检查，结果如下(单位:h)：

1487　1394　1507　1528　1409　1587　1500

若已知灯泡的寿命方差 $\sigma^2=49$，试求灯泡的平均寿命的置信区间($\alpha=0.05$).

3. 在第 2 题中，若 σ^2 未知，试求灯泡平均寿命的置信区间($\alpha=0.05$).

4. 从某自动机床加工的同类零件中抽取 16 件，测得零件直径长的标准差 $S=0.071$. 设零件直径服从正态分布，试求均方差 σ 的 0.95 置信上限.

5. 某厂生产的某种钢索的断裂强度服从 $N(\mu,\sigma^2)$的分布，其中 $\sigma=40\text{kg/cm}^2$. 现从一批这种钢索的容量为 9 的一个样本测得断裂强度 $\overline{X}$，它与以往正常生产时的 μ 相比，较 μ 大 20kg/cm^2，设总体方差不变，问在 $\alpha=0.01$ 下能否认为这批钢索质量有显著提高?

6. 测定某种溶液中的水分，它的 10 个测定值给出 $\overline{X}=0.452\%$，$S=0.037\%$，设测定值总体为正态分布，μ 为总体总体期望，试检验假设($\alpha=0.05$)：$H_0:\mu\geqslant0.5\%$，$H_1:\mu<0.5\%$.

7. 根据长期经验和资料分析，某炼铁厂铁水含碳量服从正态分布 $N(4.48,\sigma^2)$，为了检验铁水的平均含碳量，共测定了 8 炉铁水，其含碳量分别为：

4.47　4.49　4.50　4.47　4.45　4.42　4.51　4.44

如果方差没有变化，试检验铁水平均含碳量与原来有无显著差异($\alpha=0.05$).

8. 某车间加工机轴，机轴直径(单位:mm)服从正态分布 $N(38,0.01)$，由于车间新增加了一批工人，为了检验产品质量，抽取了 25 个样本，测得其平均直径 $\overline{X}=37.9$，样本方差 $\sigma^2=0.15^2$，给定 $\alpha=0.1$，试比较产品质量与原有质量的差异是否显著.

9. 某种导线，要求其电阻的标准差不得超过 0.005Ω. 今在生产的一批导线中取样品 9 根，测得 $S=0.07\Omega$. 设总体位正态分布，问在水平 $\alpha=0.05$ 下能认为这批导线的标准差显著的偏大吗?

第三章　MATLAB 在概率论与数理统计中的简单应用

概率论与数理统计被越来越多地用于各个领域的科学研究和工程计算，统计数据的处理量大而繁琐，而处理大量繁琐的数据正是计算机的优势所在．MATLAB 在 20 世纪就开发了用于统计数据处理的统计工具箱(Statistics toolbox)，经过近几年的发展，统计工具箱的功能日趋完善，基本上涵盖了统计的全部功能．这里主要介绍一些 MATLAB 在概率论与数理统计中常用的命令与函数．

第一节　MATLAB 在概率论中的应用

MATLAB 中常见的几种概率分布函数的命令字符为：

正态分布：norm　　指数分布：exp　　泊松分布：poiss

β 分布：beta　　威布尔分布：weib　　χ^2 分布：chi2

t 分布：t　　F 分布：F

MATLAB 工具箱对每一种分布都提供五类函数，其命令字符为：

概率密度：pdf　　概率分布：cdf　　逆概率分布：inv

均值与方差：stat　　随机数生成：rnd

当需要一种分布的某一类函数时，将以上所列的分布命令字符与函数命令字符接起来，并输入自变量(可以是标量、数组或矩阵)和参数即可．

例如求正态分布的概率用命令：P = normcdf(x,mu,sigma).

例 1 若 X 服从标准正态分布，求概率 $P\{-1<X<1\}$.

解 >> p = normcdf(1) - normcdf(-1)↵ %求正态分布的概率

```
p =
    0.6827
```

再如求正态分布的均值与方差用命令：[m,v] = normstat(mu,sigma).

例 2 求正态分布 $N(3,5)$ 的均值与方差.

解 >> [m,v] = normstat(3,5)↵ %求正态分布的均值与方差

```
    m =
        3
    v =
        25
```

第二节 数据的排序与最值

数据的排序和最值的有关命令，见表 3-1.

表 3-1 数据排序与最值的函数调用格式

函数及调用格式	说明
sort(x)	将向量 **x** 的元素按递增排列. 如果元素是复数则按它们的模排列，即 sort(abs(x))
[y,ind] = sort(x)	将向量 **x** 的元素按递增排列为 **y** 向量同时输出一个下标向量 ***ind***

（续）

函数及调用格式	说　明
sort(A,dim)	对 ***A*** 中的各列按递增排序，此时原来的行已被改变．如果给出参数 dim 则在参数指定的维数内排序
[B,ind] = sort(A)	对矩阵 ***A*** 的列元素按递增排列为 ***B***，矩阵 ***ind*** 是 ***A*** 每一列的列下标向量
sortrows(A,col)	将矩阵 ***A*** 的各行按递增排序．若行的元素是复数，则按它们的模为主、幅角为辅进行排序．如果给出参数 col，则根据 col 指定的列进行排序
max(x)	求向量 ***x*** 中的最大元素值．如果元素是复数，则求最大模
max(A)	求矩阵 ***A*** 中每一列中最大值组成的行向量
[y,ind] = max(A)	求矩阵 ***A*** 中每一列中最大值组成的行向量 ***y***，并给出最大值的行下标向量
max(A,B)	求由矩阵 ***A***、***B*** 中对应元素最大值组成的矩阵
c = max(A,[ ],dim)	求在参数 dim 指定维内矩阵 ***A*** 的最大分量．如果dim = 1 时，求出 ***A*** 中的最大行向量
min(x)	求向量 ***x*** 中的最小元素值．如果元素是复数，则求最小模

例 3　向量 $\boldsymbol{x}=(1.2,3.4,5.6,2.3,4.3,5.8)$，先将向量按递增排序，再求它的最大值和最小值．

解
```
>> x = [1.2  3.4  5.6  2.3  4.3  5.8];     % 输入向量 x
>> sort(x) ↵                               % 对向量 x 进行排序
ans =
    1.2000   2.3000   3.4000   4.3000   5.6000   5.8000
```

```
>> [y,ind] = sort(x) ↵          % 对向量 x 进行排序，并给出下标向量
y =
    1.2000    2.3000    3.4000    4.3000    5.6000    5.8000
ind =
    1    4    2    5    3    6
>> xmax = max(x) ↵              % 求向量 x 的最大值
xmax =
    5.8000
>> xmin = min(x) ↵              % 求向量 x 的最小值
xmin =
    1.2000
```

例 4　若 $A = \begin{pmatrix} 2 & 1 & 3 & 5 & 6 \\ 2 & 3 & 5 & 7 & 9 \\ 3 & 7 & 2 & 8 & 4 \\ 7 & 1 & 20 & 8 & 9 \\ 9 & 4 & 18 & 6 & 7 \end{pmatrix}$，先进行排序，再求其最大值组成的行向量.

解

```
>> A = [2 1 3 5 6;2 3 5 7 9;3 7 2 8 4;7 1 20 8 9;9 4 18 6 7] ↵     % 输入矩阵 A
A =
    2    1    3    5    6
    2    3    5    7    9
    3    7    2    8    4
    7    1   20    8    9
    9    4   18    6    7
>> sort(A) ↵                    % 对 A 的列元素进行排序
```

```
ans =
      2     1     2     5     4
      2     1     3     6     6
      3     3     5     7     7
      7     4    18     8     9
      9     7    20     8     9
>> sort(A,2)↵                     % 对指定维数为 2 进行排序
                                  % 即行元素排序，相当于
                                  对行进行递增排序
                                  sortrows(A)
ans =
      1     2     3     5     6
      2     3     5     7     9
      2     3     4     7     8
      1     7     8     9    20
      4     6     7     9    18
>> [B,ind] = sort(A)↵             % 对 A 进行排序，并给出下
                                  标矩阵
B =
      2     1     2     5     4
      2     1     3     6     6
      3     3     5     7     7
      7     4    18     8     9
      9     7    20     8     9
ind =
      1     1     3     1     3
      2     4     1     5     1
```

```
     3     2     2     2     5
     4     5     5     3     2
     5     3     4     4     4
>> max(A)↵                          % 求 A 的最大值行向量
ans =
     9     7    20     8     9
>> [y,ind] = max(A)↵                % 求 A 的最大值行向量，并给出行下标向量
y =
     9     7    20     8     9
ind =
     5     3     4     3     2
```

第三节 求和与乘积

1. 向量和矩阵求和

对向量与矩阵求和的函数见表 3-2.

表 3-2 求和函数的调用格式

函数及调用格式	说　明
sum(x)	求向量 $\boldsymbol{x}$ 的所有元素的和
sum(A)	求矩阵 $\boldsymbol{A}$ 的各列元素和
cumsum(x)	求向量 $\boldsymbol{x}$ 的元素累计和向量
cumsum(A)	求矩阵 $\boldsymbol{A}$ 的各列累计和矩阵
cumsum(A,dim)	计算由参数 dim 指定维数的累计和矩阵

例 5 向量 $\boldsymbol{x}=[0:2:20]$，求向量 $\boldsymbol{x}$ 的元素和、累计和向量.

解

```
>> x = [0:2:20];                    % 定义向量 x
```

```
>> sum(x)↵                          % 求向量 x 的元素和
ans =
    110
>> cumsum(x)↵                       % 求向量 x 的累计和向量
ans =
    0   2   6   12   20   30   42   56   72   90   110
```

例 6 求矩阵 $A=\begin{pmatrix}2&1&3&5&6\\2&3&5&7&9\\3&7&2&8&4\\7&1&20&8&9\\9&4&18&6&7\end{pmatrix}$的各类元素和向量与各列累计和矩阵.

解

```
>> A=[2 1 3 5 6;2 3 5 7 9;3 7 2 8 4;7 1 20 8 9;9 4 18 6 7];
>> sum(A)↵                          % 求矩阵 A 的各列元素和向量
ans =
    23    16    48    34    35
>> cumsum(A)↵                       % 求矩阵 A 的各列累计和矩阵
ans =
     2     1     3     5     6
     4     4     8    12    15
     7    11    10    20    19
    14    12    30    28    28
    23    16    48    34    35
```

2. 元素乘积与元素累计乘积

向量与矩阵元素乘积函数的调用格式见表 3-3.

表 3-3 向量与矩阵元素乘积函数调用格式

函数及调用格式	说明
prod(x)	计算向量 ***x*** 中各元素的乘积
prod(A)	计算矩阵 ***A*** 中各列元素的乘积向量
prod(A,dim)	计算参数 dim 指定维数的元素乘积．dim =1 时求各列元素积向量；dim =2 时求各行元素积向量
cumprod(x)	计算向量 ***x*** 的累计积向量
cumprod(A)	计算矩阵 ***A*** 各列的累计积矩阵
cumprod(A,dim)	计算参数 dim 指定维数的元素累计乘积矩阵．dim =1 时求各列元素累计积矩阵；dim =2 时求各行元素累计积矩阵

例 7 向量 $x=[1:10]$，求向量 x 的元素积和累计元素积向量．

解

```
>> x = [1:10] ↵                          % 输入向量 x
x =
   1    2    3    4    5    6    7    8    9    10
>> prod(x) ↵                             % 求向量 x 的元素积
ans =
     3628800
>> cumprod(x) ↵                          % 求向量 x 的累计元素积向量
ans =
  Columns 1 through 5
      1       2       6       24       120
  Columns 6 through 10
      720     5040    40320    362880    3628800
```

例 8 设 $A=\begin{pmatrix}2&1&3&5&6\\2&3&5&7&9\\3&7&2&8&4\\7&1&20&8&9\\9&4&18&6&7\end{pmatrix}$，求 A 的各列元素积向量、各列元素累计积矩阵、各行元素积向量和各行元素累计积矩阵.

解

```
>> A = [2 1 3 5 6;2 3 5 7 9;3 7 2 8 4;7 1 20 8 9;9 4 18 6 7];
>> prod(A)↵                      %计算 A 的各列元素积向量
ans =
     756     84     10800     13440     13608
>> cumprod(A)↵                   %计算 A 的各列元素累计积矩阵
ans =
       2      1         3         5         6
       4      3        15        35        54
      12     21        30       280       216
      84     21       600      2240      1944
     756     84     10800     13440     13608
>> prod(A,2)↵                    %计算 A 的各行元素积向量
ans =
         180
        1890
        1344
       10080
       27216
>> cumprod(A,2)↵                 %计算 A 的各行元素累计积矩阵
```

```
ans =
     2     2     6    30   180
     2     6    30   210  1890
     3    21    42   336  1344
     7     7   140  1120 10080
     9    36   648  3888 27216
```

第四节 平均值、中值与标准差

计算数据的平均值、中值与标准差的函数及调用格式见表 3-4.

表 3-4 平均值、中值与标准差函数调用格式

函数及调用格式	说　明
mean(x)	计算向量 $\boldsymbol{x}$ 元素的算术平均数
median(x)	计算向量 $\boldsymbol{x}$ 元素的中位数
std(x)	计算向量 $\boldsymbol{x}$ 元素的标准差
mean(A,dim)	计算参数 dim 指定维数的矩阵 $\boldsymbol{A}$ 的算术平均数 . dim = 1 计算列平均数，dim = 2 计算行平均数
median(A,dim)	计算参数 dim 指定维数的矩阵 $\boldsymbol{A}$ 的中位数 . dim = 1 计算列中位数，dim = 2 计算行中位数
std(A,dim)	计算参数 dim 指定维数的矩阵 $\boldsymbol{A}$ 的标准差 . dim = 1 计算列标准差，dim = 2 计算行标准差

例 9 计算向量 $\boldsymbol{x}=(2,5,6,3,8,9)$ 的算术平均数、中位数和标准差.

解 >> x = [2 5 6 3 8 9]; %输入向量 x

>> mean(x), median(x), std(x)↵ %计算 x 算术平均数、

中位数、标准差

```
ans =
      5.5000
ans =
      5.5000
ans =
      2.7386
```

例 10　计算矩阵 $A=\begin{pmatrix}1&2&3&4\\5&6&7&8\\9&10&11&12\\13&14&15&16\end{pmatrix}$的列元素算术平均数、行元素中位数和列元素标准差.

解

```
>> A = [1  2  3  4;5  6  7  8;9  10  11  12;13  14  15  16]↵      % 输入矩阵 A
A =
    1    2    3    4
    5    6    7    8
    9    10   11   12
    13   14   15   16
>> mean(A)↵          % 计算矩阵 A 的列元素算术平均数
ans =
    7    8    9    10
>> median(A,2)↵          % 计算矩阵 A 的行元素中位数
ans =
    2.5000
    6.5000
    10.5000
```

```
    14.5000
>> std(A,1)↵                      % 计算矩阵 A 的列元素标准差
ans =
    4.4721    4.4721    4.4721    4.4721
```

*第五节　协方差与相关系数

有关求协方差与相关系数的函数调用格式见表 3-5.

表 3-5　协方差与相关系数的函数调用格式

函数及调用格式	说　　明
cov(x)	计算向量 $\boldsymbol{x}$ 的协方差
cov(A)	计算矩阵 $\boldsymbol{A}$ 的协方差矩阵．其对角线元素是 $\boldsymbol{A}$ 各列的方差
cov(x,y)	计算两个向量 $\boldsymbol{x}$、$\boldsymbol{y}$ 的协方差
corrcoef(A)	计算矩阵 $\boldsymbol{A}$ 的相关系数矩阵
corrcoef(x,y)	计算两个向量 $\boldsymbol{x}$、$\boldsymbol{y}$ 的相关矩阵

例 11　设向量 $\boldsymbol{x}=(2,5,6,3,8,9)$，$\boldsymbol{y}=(1,4,6,7,5,3)$，求向量 $\boldsymbol{x}$ 的协方差，$\boldsymbol{x}$ 和 $\boldsymbol{y}$ 的相关矩阵．

解

```
>> x = [2  5  6  3  8  9];
>> y = [1  4  6  7  5  3];
>> cov(x)↵                            % 计算向量 x 的协方差
ans =
    7.5000
>> corrcoef(x,y)↵                     % 计算 x 和 y 的相关矩阵
ans =
    1.0000    0.1014
    0.1014    1.0000
```

例 12 计算矩阵 $A = \begin{pmatrix} 1 & 3 & 5 & 7 \\ 2 & 3 & 6 & 5 \\ 3 & 1 & 10 & 12 \end{pmatrix}$ 的协方差矩阵和相关矩阵.

解

```
>> A = [1  3  5  7;2  3  6  5;3  1  10  12];
>> cov(A) ←                        % 计算矩阵 A 的协方差矩阵
ans =
     1.0000    -1.0000     2.5000     2.5000
    -1.0000     1.3333    -3.0000    -4.0000
     2.5000    -3.0000     7.0000     8.5000
     2.5000    -4.0000     8.5000    13.0000
>> corrcoef(A) ←                     % 计算矩阵 A 的相关矩阵
ans =
     1.0000    -0.8660     0.9449     0.6934
    -0.8660     1.0000    -0.9820    -0.9608
     0.9449    -0.9820     1.0000     0.8910
     0.6934    -0.9608     0.8910     1.0000
```

第六节 参数估计与假设检验

一、参数估计

常见的参数估计即点估计和区间估计的命令见表 3-6.

表 3-6 常见的参数估计命令

命令及调用格式	说 明
[muhat,sigmahat,muci,sigmaci] = normfit(X,alpha)	在显著性水平 alpha 下估计数据 X 的参数 (alpha默认为 0.05), 返回值 muhat 是 X 的均值的点估计值, sigmahat 是标准差的点估计值, muci 是均值的区间估计, sigmaci 是标准差的区间估计

（续）

命令及调用格式	说　明
[muhat,muci] = expfit(X,alpha)	在显著性水平 alpha 下，求指数分布的数据 X 的均值的点估计及其区间估计.
[lambdahat,lambdaci] = poissfit(X,alpha)	在显著性水平 alpha 下，求泊松分布的数据 X 的参数的点估计及其区间估计.
[phat,pci] = weibfit(X,alpha)	在显著性水平 alpha 下，求 Weibull 分布的数据 X 的参数的点估计及其区间估计.

其他分布的参数估计可以取容量充分大的样本($n>50$)，按中心极限定理，它近似地服从正态分布.

二、假设检验

常见的假设检验的命令见表 3-7.

表 3-7　常见的假设检验命令

命令及调用格式	说　明
[h,sig,ci] = ztest(x,m,sigma,alpha,tail)	总体方差已知时，总体均值的检验. 其中 sigma 为已知方差，alpha 为显著性水平，究竟检验什么假设取决于 tail 的取值：tail = 0，检验假设"x 的均值等于 m"；tail = 1，检验假设"x 的均值大于 m"；tail = −1，检验假设"x 的均值小于 m"；tail 的默认值为 0. alpha 的默认值为 0.05. 返回值 $h=1$ 表示可以拒绝假设，$h=0$ 表示不可以拒绝假设. sig 为假设成立的概率，ci 为均值的 1-alpha 置信区间
[h,sig,ci] = ttest(x,m,alpha,tail)	总体方差未知时，总体均值的检验. 其中 alpha 为显著性水平，究竟检验什么假设取决于 tail 的取值：tail = 0，检验假设"x 的均值等于 m"；tail = 1，检验假设"x 的均值大于 m"；tail = −1，检验假设"x 的均值小于 m"；tail 的默认值为 0. alpha 的默认值为 0.05. 返回值 $h=1$ 表示可以拒绝假设，$h=0$ 表示不可以拒绝假设. sig 为假设成立的概率，ci 为均值的 1-alpha 置信区间

（续）

命令及调用格式	说　明
[h,sig,ci] = ttest2(x,y,alpha,tail)	两总体均值的假设检验使用．其中 alpha 为显著性水平，究竟检验什么假设取决于 tail 的取值：tail = 0，检验假设“x 的均值等于 y 的均值”；tail = 1，检验假设“x 的均值大于 y 的均值”；tail = -1，检验假设“x 的均值小于 y 的均值”；tail 的默认值为 0. alpha 的默认值为 0.05．返回值 h = 1 表示可以拒绝假设，h = 0 表示不可以拒绝假设．sig 为假设成立的概率，ci 为与 x 与 y 均值差的 1-alpha 置信区间

例 13　MATLAB 统计工具箱中的数据文件 gas. mat. 中提供了美国 1993 年 1 月份和 2 月份的汽油平均价格（price1，price2 分别是一，二月份的油价，单位为美分），它是容量为 20 的双样本．假设一月份油价的标准偏差是一加仑四分币（$\sigma = 4$），试检验一月份油价的均值是否等于 115.

解

```
>> load gas;                              % 调用 gas 中的数据
price1;                                   % 显示 price1 中的数据
[h,sig,ci] = ztest(price1,115,4)↵         % 进行检验
price1 =
    119
    117
    115
    116
    112
    121
    115
    122
```

```
    116
    118
    109
    112
    119
    112
    117
    113
    114
    109
    109
    118
h =
      0
sig =
      0.8668
ci =
    113.3970    116.9030
```

检验结果：1. 布尔变量 h = 0，表示不拒绝零假设．说明提出的假设均值 115 是合理的．

2. sig 值为 0.8668，远超过 0.5，不能拒绝假设.

3. 95% 的置信区间为[113.4,116.9]，它完全包括 115，且精度很高．

例 14 一道工序用自动化车床连续加工某种零件，由于刀具损坏等会出现故障．故障是完全随机的，并假定生产任一零件时出现故障机会均相同．工作人员是通过检查零件来确定工序是否出现故障的．现积累有 100 次故障纪录，故障出现时该刀具完成的零件数如下：

459	362	624	542	509	584	433	748	815	505
612	452	434	982	640	742	565	706	593	680
926	653	164	487	734	608	428	1153	593	844
527	552	513	781	474	388	824	538	862	659
775	859	755	49	697	515	628	954	771	609
402	960	885	610	292	837	473	677	358	638
699	634	555	570	84	416	606	1062	484	120
447	654	564	339	280	246	687	539	790	581
621	724	531	512	577	496	468	499	544	645
764	558	378	765	666	763	217	715	310	851

试观察该刀具出现故障时完成的零件数是否属于正态分布．

解
```
>> x1 = [459  362  624  542  509  584  433  748  815  505];
x2 = [612  452  434  982  640  742  565  706  593  680];
x3 = [926  653  164  487  734  608  428  1153  593  844];
x4 = [527  552  513  781  474  388  824  538  862  659];
x5 = [775  859  755  49  697  515  628  954  771  609];
x6 = [402  960  885  610  292  837  473  677  358  638];
x7 = [699  634  555  570  84  416  606  1062  484  120];
x8 = [447  654  564  339  280  246  687  539  790
```

```
581];
    x9 = [621   724   531   512   577   496   468   499   544
645];
    x10 = [764   558   378   765   666   763   217   715   310
851];
    x = [x1   x2   x3   x4   x5   x6   x7   x8   x9   x10]; ←
                                                    % 输入数据
    >> [muhat,sigmahat,muci,sigmaci] = normfit(x) ←
                                                    % 参数估计
    muhat =
        594
    sigmahat =
      204.1301
    muci =
      553.4962
      634.5038
    sigmaci =
      179.2276
      237.1329
    >> [h,sig,ci] = ttest( x ,594) ←                % 假设检验
    h =
        0
    sig =
        1
    ci =
      553.4962   634.5038
```

检验结果：1. h = 0，表示不拒绝零假设. 说明提出的假设寿命均值 594 是合理的.

2. 95%的置信区间为[553.5,634.5]，它完全包括594，且精度很高.

3. sig 值为1，远超过0.5，不能拒绝假设.

复 习 题 三

1. 从某批出厂灯泡中随机抽取10只进行寿命测试，得到如下数据(单位:h)：

1458 1395 1562 1614 1351 1490 1487 1382 1536 1496

试估计这批灯泡的平均寿命及寿命的标准差.

2. 一批种子的发芽率为80%，插种时每穴4粒，试求每穴发芽种子粒数的数学期望与方差.

3. 已知某单位职工的月奖金服从正态分布，总体均值300，标准差50，从该总体中抽取一个容量为16的样本，求这一样本的均值介于290～310的概率.

4. 据说某地汽油的价格是每加仑115美分，为了验证这种说法，一位学者开车随机选择了一些加油站，得到某年1月和2月的数据如下：

一月：119 117 115 116 112 121 115 122 116 118 109 112 119 112 117 113 114 109 109 118

二月：118 119 115 122 118 121 120 122 128 116 120 123 121 119 117 119 128 126 118 125

(1) 分别用两个月的数据验证这种说法的可靠性；

(2) 分别给出1月和2月汽油价格的置信区间；

(3) 给出1月和2月汽油价格差的置信区间.

5. 冷抽铜丝的折断力服从正态分布，从一批铜丝中任取10根，试验折断力，所得数据分别为(单位:kg) 578，572，570，568，572，570，570，569，584，572，求方差 σ^2 的置信区间($\alpha=0.05$).

6. 从由一台车床加工的一批轴料中取15件测量其椭圆度，计算得 $S=0.025$，问该批轴料椭圆度的总体方差与规定的 $\sigma^2=0.0004$ 有无显著差别？设椭圆度服从正态分布(取 $\alpha=0.05$).

习题参考答案

习题 1-1

1. (1) 互斥；　　(2) 对立.

2. (1) 4 个基本事件，12 个基本事件；

(2) 10 个基本事件；　　(3) $\{t \mid t \geqslant 0, t \in \mathbf{R}\}$.

3. (1) $\bar{A}\bar{B}\bar{C}\bar{D}$；

(2) $A\bar{B}\bar{C}\bar{D} \cup \bar{A}B\bar{C}\bar{D} \cup \bar{A}\bar{B}C\bar{D} \cup \bar{A}\bar{B}\bar{C}D$;

(3) $\overline{\bar{A}\bar{B}\bar{C}\bar{D}}$;

(4) $A\bar{B}\bar{C}\bar{D} \cup \bar{A}B\bar{C}\bar{D} \cup \bar{A}\bar{B}C\bar{D} \cup \bar{A}\bar{B}\bar{C}D \cup \bar{A}\bar{B}\bar{C}\bar{D}$.

习题 1-2

1. $\frac{7}{12}$, $\frac{1}{12}$, $\frac{1}{3}$.

2. (1) 0.105；　　(2) 0.000059.

3. (1) 0.3；　　(2) 0；　　(3) $\frac{1}{6}$；　　(4) 1.

4. (1) 0.6；　　(2) 0.2；　　(3) 0.4；　　(4) 0.55.

5. (1) 0.1512；　　(2) 0.7^6；　　(3) 0.0984；

(4) $1-0.9^6$.

习题 1-3

1. (1) $\frac{1}{16}$；　　(2) $\frac{3}{8}$.

2. 0.5.

3. 0.00729.

4. 0.7.

5. 0.6175, 0.3255.

6. (1) $\frac{1}{15}$; (2) $\frac{7}{15}$.

7. $\frac{1}{2}$.

8. 0.72.

习题 1-4

1. (1) 0.003; (2) 0.997.

2. 0.0345.

3. (1) $\frac{9}{25}$; (2) $\frac{12}{25}$.

4. 0.432.

5. 0.0216.

6. $C_5^3 \cdot 0.7^3 \cdot 0.3^2 + C_5^4 \cdot 0.7^4 \cdot 0.3 + C_5^5 \cdot 0.7^5$.

习题 1-5

1. (1) 不是; (2) 是.

2. $\frac{81}{58}$.

3. (1)

X	1	2	3	4
P	$\frac{9}{12}$	$\frac{3}{12}\cdot\frac{9}{11}$	$\frac{3}{12}\cdot\frac{2}{11}\cdot\frac{9}{10}$	$\frac{3}{12}\cdot\frac{2}{11}\cdot\frac{1}{10}\cdot\frac{9}{9}$

(2)

Y	0	1	2	3
P	$\frac{9}{12}$	$\frac{3}{12}\cdot\frac{9}{11}$	$\frac{3}{12}\cdot\frac{2}{11}\cdot\frac{9}{10}$	$\frac{3}{12}\cdot\frac{2}{11}\cdot\frac{1}{10}\cdot\frac{9}{9}$

4.

X	1	2	…	K	…
P	0.75	0.25×0.75	…	$0.25^{K-1}\times0.75$	…

5. (1) $C_{10}^{8}0.9^{8}\cdot0.1^{2}$;

(2) $C_{10}^{8}0.9^{8}\cdot0.1^{2}+C_{10}^{9}0.9^{9}\cdot0.1+C_{10}^{10}0.9^{10}$.

6. 0.981423.

7. (1) $\frac{3}{8}$; (2) $\frac{1}{8}$.

8. $\frac{2}{3}$.

习题 1-6

1. 1.96.
2. 6.225.
3. 0.92364.
4. 2.275%.
5. (1) 0.5; (2) 0.9545.

习题 1-7

1. −0.3，15.3，0.4，15.21.
2. 0.8，0.4.
3. 5，2.5.
4. 2.
5. 4，3.992.
6. 2.5.

复习题一

1. (1) 0.2022; (2) 0.0001; (3) 0.7864;

(4) 0.2136.

2. 0.4556.

3. (1) 0.67; (2) 0.60; (3) 0.26.

4. 3.45%.

5. 0.458.

6. 0.328.

7. (1)

X	1	2	3	4
P	$\frac{7}{10}$	$\frac{7}{30}$	$\frac{7}{120}$	$\frac{1}{120}$

(2)

X	1	2	…	K	…
P	$\frac{7}{10}$	$\frac{3}{10}\cdot\frac{7}{10}$	…	$\left(\frac{3}{10}\right)^{K-1}\cdot\frac{7}{10}$	…

8. (1) 0.0729; (2) 0.99144.

9. (1) 0.19537; (2) 0.43347.

10. (1) $\frac{1}{2}$; (2) $\frac{\sqrt{2}}{4}$.

11. (1) $F(X)=\begin{cases}0, & x<0\\ \frac{1}{4}, & 0\leqslant x<1\\ \frac{3}{4}, & 1\leqslant x<2\\ 1, & x\geqslant 2\end{cases}$; (2) $\frac{3}{4}$, $\frac{3}{4}$.

12. (1) $\frac{3}{4}-\frac{1}{2e}$, $\frac{1}{4}$;　(2) $f(x)=\begin{cases}\frac{1}{2}e^x, & x<0\\ \frac{1}{4}, & 0\leqslant x<2\\ 0, & x\geqslant 2\end{cases}$.

13. 60, 42, 168.

14. $n=100$, $p=0.6$.

15. 0.3, 0.319.

习题 2-1

1. 8.95,　0.841,　0.917.

2. 0.5865.

3. 0.134.

4. (1) 1.96,　-1.96,　2.24;

(2) 0.978,　-0.978,　2.353;

(3) 30.578,　5.229,　$\chi_a^2=4.601$,　$\chi_b^2=32.801$;

习题 2-2

1. 1500.5,　902.5.

2. $-\dfrac{n}{\sum\limits_{i=1}^{n}\ln x_i}$.

3. $P=\dfrac{1}{n}\sum\limits_{i=1}^{n}x_i=\overline{X}$.

4. 0.000856.

5. (2) 更有效.

习题 2-3

1. (128.766, 135.234).

2. (3.206, 3.394).

3. (14.908, 14.992).

4. (432.308,482.692).

5. (0.000145,0.000433).

6. (419.783,429.537), (12.396,128.710).

习题 2-4

1. 不接受;

2. 不接受;

3. 不接受;

4. 不接受;

5. 不接受;

6. 不接受.

复习题二

1. $\hat{\mu}=0.482$, $\hat{\sigma}=0.21$.

2. (1482,1492).

3. (213.2,982.2).

4. 0.0102.

5. 有显著提高.

6. 拒绝.

7. 无显著变化.

8. 有显著差异.

9. 不接受.

附　　录

附表 1　标准正态分布表

$$\Phi(x)=\int_{-\infty}^{x}\frac{1}{\sqrt{2\pi}}\mathrm{e}^{-t^2/2}\mathrm{d}t=P(X\leqslant x)$$

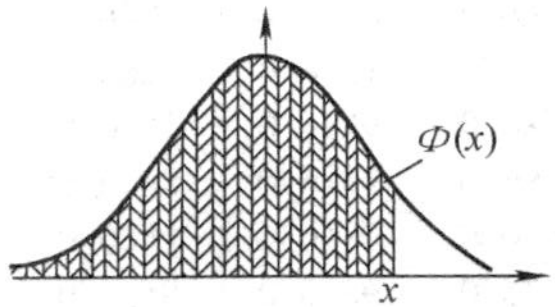

x	0	1	2	3	4	5	6	7	8	9
0. 0	0. 5000	0. 5040	0. 5080	0. 5120	0. 5160	0. 5199	0. 5239	0. 5279	0. 5319	0. 5359
0. 1	0. 5398	0. 5438	0. 5478	0. 5517	0. 5557	0. 5596	0. 5636	0. 5675	0. 5714	0. 5753
0. 2	0. 5793	0. 5832	0. 5871	0. 5910	0. 5948	0. 5987	0. 6026	0. 6064	0. 6103	0. 6141
0. 3	0. 6179	0. 6217	0. 6255	0. 6293	0. 6331	0. 6368	0. 6406	0. 6443	0. 6480	0. 6517
0. 4	0. 6554	0. 6591	0. 6628	0. 6664	0. 6700	0. 6736	0. 6772	0. 6808	0. 6844	0. 6879
0. 5	0. 6915	0. 6950	0. 6985	0. 7019	0. 7054	0. 7088	0. 7123	0. 7157	0. 7190	0. 7224
0. 6	0. 7257	0. 7291	0. 7324	0. 7357	0. 7389	0. 7422	0. 7454	0. 7486	0. 7517	0. 7549
0. 7	0. 7580	0. 7611	0. 7642	0. 7673	0. 7703	0. 7734	0. 7764	0. 7794	0. 7823	0. 7852
0. 8	0. 7881	0. 7910	0. 7939	0. 7967	0. 7995	0. 8023	0. 8051	0. 8078	0. 8106	0. 8133

（续）

x	0	1	2	3	4	5	6	7	8	9
0. 9	0. 8159	0. 8186	0. 8212	0. 8238	0. 8264	0. 8289	0. 8315	0. 8340	0. 8365	0. 8389
1. 0	0. 8413	0. 8438	0. 8461	0. 8485	0. 8508	0. 8531	0. 8554	0. 8577	0. 8599	0. 8621
1. 1	0. 8643	0. 8665	0. 8686	0. 8708	0. 8729	0. 8749	0. 8770	0. 8790	0. 8810	0. 8830
1. 2	0. 8849	0. 8869	0. 8888	0. 8907	0. 8925	0. 8944	0. 8962	0. 8980	0. 8997	0. 9015
1. 3	0. 9032	0. 9049	0. 9066	0. 9082	0. 9099	0. 9115	0. 9131	0. 9147	0. 9162	0. 9177
1. 4	0. 9192	0. 9207	0. 9222	0. 9236	0. 9251	0. 9265	0. 9278	0. 9292	0. 9306	0. 9319
1. 5	0. 9332	0. 9345	0. 9357	0. 9370	0. 9382	0. 9394	0. 9406	0. 9418	0. 9430	0. 9441
1. 6	0. 9452	0. 9463	0. 9474	0. 9484	0. 9495	0. 9505	0. 9515	0. 9525	0. 9535	0. 9545
1. 7	0. 9554	0. 9564	0. 9573	0. 9582	0. 9591	0. 9599	0. 9608	0. 9616	0. 9625	0. 9633
1. 8	0. 9641	0. 9648	0. 9656	0. 9664	0. 9671	0. 9678	0. 9686	0. 9693	0. 9700	0. 9706
1. 9	0. 9713	0. 9719	0. 9726	0. 9732	0. 9738	0. 9744	0. 9750	0. 9756	0. 9762	0. 9767
2. 0	0. 9772	0. 9778	0. 9783	0. 9788	0. 9793	0. 9798	0. 9803	0. 9808	0. 9812	0. 9817
2. 1	0. 9821	0. 9826	0. 9830	0. 9834	0. 9838	0. 9842	0. 9846	0. 9850	0. 9854	0. 9857
2. 2	0. 9861	0. 9864	0. 9868	0. 9871	0. 9874	0. 9878	0. 9881	0. 9884	0. 9887	0. 9890
2. 3	0. 9893	0. 9896	0. 9898	0. 9901	0. 9904	0. 9906	0. 9909	0. 9911	0. 9913	0. 9916
2. 4	0. 9918	0. 9920	0. 9922	0. 9925	0. 9927	0. 9929	0. 9931	0. 9932	0. 9934	0. 9936
2. 5	0. 9938	0. 9940	0. 9941	0. 9943	0. 9945	0. 9946	0. 9948	0. 9949	0. 9951	0. 9952
2. 6	0. 9953	0. 9955	0. 9956	0. 9957	0. 9959	0. 9960	0. 9961	0. 9962	0. 9963	0. 9964
2. 7	0. 9965	0. 9966	0. 9967	0. 9968	0. 9969	0. 9970	0. 9971	0. 9972	0. 9973	0. 9974
2. 8	0. 9974	0. 9975	0. 9976	0. 9977	0. 9977	0. 9978	0. 9979	0. 9979	0. 9980	0. 9981
2. 9	0. 9981	0. 9982	0. 9982	0. 9983	0. 9984	0. 9984	0. 9985	0. 9985	0. 9986	0. 9986
3. 0	0. 9987	0. 9990	0. 9993	0. 9995	0. 9997	0. 9998	0. 9998	0. 9999	0. 9999	1. 0000

注：表中末行系函数值 $\Phi(3.0)$，$\Phi(3.1)$，…，$\Phi(3.9)$.

附表2　泊松分布表

$$1-F(x-1)=\sum_{k=x}^{\infty}\frac{e^{-\lambda}\lambda^{k}}{k!}$$

x	λ=0.2	λ=0.3	λ=0.4	λ=0.5	λ=0.6
0	1.0000000	1.0000000	1.0000000	1.0000000	1.0000000
1	0.1812692	0.2591818	0.3296800	0.323469	0.451188
2	0.0175231	0.0369363	0.0615519	0.090204	0.121901
3	0.0011485	0.0035995	0.0079263	0.014388	0.023115
4	0.0000568	0.0002658	0.0007763	0.001752	0.003358
5	0.0000023	0.0000158	0.0000612	0.000172	0.000394
6	0.0000001	0.0000008	0.000040	0.000014	0.000039
7			0.0000002	0.000001	0.000003

x	λ=0.7	λ=0.8	λ=0.9	λ=1.0	λ=1.2
0	1.0000000	1.0000000	1.0000000	1.0000000	1.0000000
1	0.503415	0.550671	0.593430	0.632121	0.337373
2	0.155805	0.191208	0.227518	0.264241	0.337373
3	0.034142	0.047423	0.062857	0.080301	0.120513
4	0.005753	0.009080	0.013459	0.018988	0.033769
5	0.000786	0.001411	0.002344	0.003660	0.007746
6	0.000090	0.000184	0.000343	0.000594	0.001500
7	0.000009	0.000021	0.000043	0.000083	0.000251
8	0.000001	0.000002	0.000005	0.000010	0.000037
9				0.000001	0.000005
10					0.000001

x	λ=1.4	λ=1.6	λ=1.8		
0	1.0000000	1.0000000	1.0000000		
1	0.753403	0.798103	0.834701		
2	0.408167	0.475069	0.537163		
3	0.166502	0.216642	0.269379		
4	0.053725	0.078813	0.108708		
5	0.014253	0.023682	0.036407		
6	0.003201	0.006040	0.010378		
7	0.000622	0.001336	0.002569		

(续)

x	λ=1.4	λ=1.6	λ=1.8		
8	0.000107	0.000260	0.000562		
9	0.000016	0.000045	0.000110		
10	0.000002	0.000007	0.000019		
11		0.000001	0.000003		

x	λ=2.5	λ=3.0	λ=3.5	λ=4.0	λ=4.5	λ=5.0
0	1.0000000	1.0000000	1.0000000	1.0000000	1.0000000	1.0000000
1	0.917915	0.950213	0.969803	0.981684	0.988891	0.993262
2	0.712703	0.800852	0.864112	0.908422	0.938901	0.959572
3	0.456187	0.576810	0.679153	0.761897	0.836422	0.875348
4	0.242424	0.352768	0.463367	0.566530	0.657704	0.734974
5	0.108822	0.184737	0.274555	0.371163	0.467896	0.559507
6	0.042021	0.083918	0.142386	0.214870	0.297070	0.384039
7	0.014187	0.033509	0.065288	0.110674	0.168949	0.237817
8	0.004247	0.011905	0.026739	0.051134	0.086586	0.133372
9	0.001140	0.003803	0.009874	0.021363	0.040257	0.068094
10	0.000277	0.001102	0.003315	0.008132	0.017093	0.031828
11	0.000062	0.000292	0.001019	0.002840	0.006669	0.013695
12	0.000013	0.000071	0.000289	0.000915	0.002404	0.005453
13	0.000002	0.000016	0.000076	0.000274	0.000805	0.002019
14		0.000003	0.000019	0.000076	0.000252	0.000698
15		0.000001	0.000004	0.000020	0.000074	0.000226
16			0.000001	0.000005	0.000020	0.000069
17				0.000001	0.000005	0.000020
18					0.000001	0.000005
19						0.000001

附表3　χ^2 分布表

$P\{\chi^2(n)>\chi^2_\alpha(n)\}=\alpha$

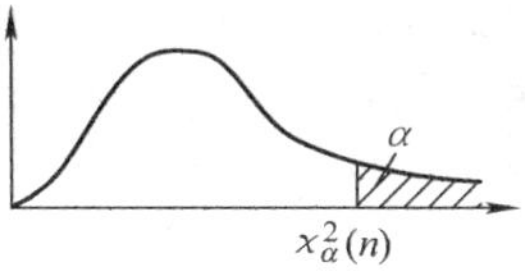

n	$\alpha=0.995$	0.99	0.975	0.95	0.90	0.75
1	—	—	0.001	0.004	0.016	0.102
2	0.010	0.020	0.051	0.103	0.211	0.575
3	0.072	0.115	0.216	0.352	0.584	1.213
4	0.207	0.297	0.484	0.711	1.064	1.923
5	0.412	0.554	0.831	1.145	1.610	2.675
6	0.676	0.872	1.237	1.635	2.204	3.455
7	0.989	1.239	1.690	2.167	2.833	4.255
8	1.344	1.646	2.180	2.733	3.490	5.071
9	1.735	2.088	2.700	3.325	4.168	5.899
10	2.156	2.558	3.247	3.940	4.865	6.737
11	2.603	3.053	3.816	4.575	5.578	7.584
12	3.074	3.571	4.404	5.226	6.304	8.438
13	3.565	4.107	5.009	5.892	7.042	9.299
14	4.075	4.660	5.629	6.571	7.790	10.165
15	4.601	5.229	6.262	7.261	8.547	11.037
16	5.142	5.812	6.908	7.962	9.312	11.912
17	5.697	6.408	7.564	9.672	10.085	12.792
18	6.265	7.015	8.231	9.390	10.865	13.675
19	6.844	7.633	8.907	10.117	11.651	14.562
20	7.434	8.260	9.591	10.851	12.443	15.452
21	8.034	8.897	10.283	11.591	13.240	16.344
22	8.643	9.542	10.982	12.338	14.042	17.240
23	9.260	10.196	11.689	13.091	14.848	18.137
24	9.886	10.856	12.401	13.848	15.659	19.037
25	10.520	11.524	13.120	14.611	16.473	19.939
26	11.160	12.198	13.844	15.379	17.292	20.843
27	11.808	12.879	14.573	16.151	18.114	21.749
28	12.461	13.565	15.308	16.928	18.939	22.657

(续)

n	$a=0.995$	0.99	0.975	0.95	0.90	0.75
29	13.121	14.257	16.047	17.708	19.768	23.567
30	13.787	14.954	16.791	18.493	20.599	24.478
31	14.458	15.655	17.539	19.281	21.434	25.390
32	15.134	16.362	18.291	20.072	22.271	26.304
33	15.815	17.074	19.047	20.867	23.110	27.219
34	16.501	17.789	19.806	21.664	23.952	28.136
35	17.192	18.509	20.569	22.465	24.797	29.054
36	17.887	19.233	21.336	23.269	25.643	29.973
37	18.586	19.960	22.106	24.075	26.492	30.893
38	19.289	20.691	22.878	24.884	27.343	31.815
39	19.996	21.426	23.654	25.695	28.196	32.737
40	20.707	22.164	24.433	26.509	29.051	33.660
41	21.421	22.906	25.215	27.326	29.907	34.585
42	22.138	23.650	25.999	28.144	30.765	35.510
43	22.859	24.398	26.785	28.965	31.625	36.436
44	23.584	25.148	27.575	29.787	32.487	37.363
45	24.311	25.901	28.366	30.612	33.350	38.291

n	$a=0.25$	0.10	0.05	0.025	0.01	0.005
1	1.323	2.706	3.841	5.024	6.635	7.879
2	2.773	4.605	5.991	7.378	9.210	10.597
3	4.108	6.251	7.815	9.348	11.345	12.838
4	5.385	7.779	9.488	11.143	13.277	14.860
5	6.626	9.236	11.071	12.833	15.086	16.750
6	7.841	10.645	12.592	12.449	16.812	18.548
7	9.037	12.017	14.067	16.013	18.475	20.278
8	10.219	13.362	15.507	17.535	20.090	21.955
9	11.389	14.684	16.919	19.023	21.666	23.589
10	12.549	15.987	18.307	20.483	23.209	25.188
11	13.701	12.275	19.675	21.920	24.725	26.757
12	14.845	17.275	19.675	21.920	24.725	26.757
13	14.845	18.549	21.026	23.337	26.217	28.299
14	17.117	21.064	23.685	26.119	29.141	31.319

（续）

n	a = 0.25	0.10	0.05	0.025	0.01	0.005
15	18.245	22.307	24.996	27.488	30.578	32.801
16	19.369	23.542	26.296	28.845	32.000	34.267
17	20.489	24.769	27.587	30.191	33.409	35.718
18	21.605	25.989	28.869	31.526	34.805	37.156
19	22.718	27.204	30.144	32.852	36.191	38.582
20	23.828	28.412	31.410	34.170	37.566	39.997
21	24.935	29.615	32.671	35.479	38.932	41.401
22	26.039	30.813	33.924	36.781	40.289	42.796
23	27.141	32.007	35.172	38.076	41.638	44.181
24	28.241	33.196	36.415	39.364	42.980	45.559
25	29.339	34.382	27.652	40.646	44.314	46.928
26	30.435	35.563	38.885	41.923	45.642	48.290
27	31.528	36.741	40.113	43.194	46.963	49.645
28	32.620	37.916	41.337	44.461	48.278	50.993
29	33.711	39.087	42.557	45.722	49.588	52.336
30	34.800	40.256	43.773	46.979	50.892	53.672
31	35.887	41.422	44.985	48.232	52.191	55.003
32	36.973	42.585	46.194	49.480	53.486	56.328
33	38.058	43.745	47.400	50.725	54.776	57.648
34	39.141	44.903	48.602	51.966	56.061	58.964
35	40.223	46.059	49.802	53.203	57.342	60.275
36	41.304	47.212	50.998	54.437	58.619	61.581
37	42.383	48.363	52.192	55.668	59.892	62.883
38	43.462	49.513	53.384	56.896	61.162	64.181
39	44.539	50.660	54.572	58.120	62.428	65.476
40	45.616	51.805	55.758	59.342	63.691	66.766
41	46.692	52.949	56.942	60.561	64.950	68.053
42	47.766	54.090	58.124	61.777	66.206	69.336
43	48.840	55.230	59.304	62.990	67.459	70.616
44	49.913	56.369	60.481	64.201	68.710	71.893
45	50.985	57.505	61.656	65.410	69.957	73.166

附表4　*t*分布表

$P\{t(n) > t_\alpha(n)\} = \alpha$

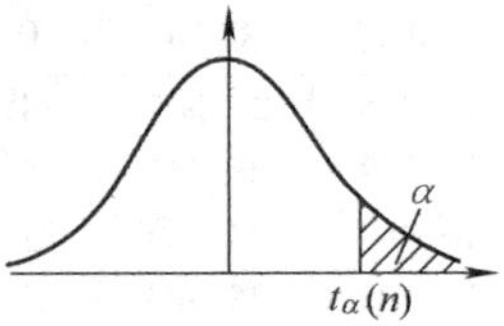

n	a = 0.25	0.10	0.05	0.025	0.01	0.005
1	1.0000	3.0777	6.3138	12.7062	31.8207	63.6574
2	0.8165	1.8865	2.9200	4.3027	6.9646	9.9248
3	0.7649	1.6377	2.3534	3.1824	4.5407	5.8409
4	0.7407	1.5332	2.1318	2.7764	3.7469	4.6041
5	0.7267	1.4759	2.0150	2.5706	3.3649	4.0322
6	0.7176	1.4398	1.9432	2.4469	3.1427	3.7074
7	0.7111	1.4149	1.8946	2.3646	2.9980	3.4995
8	0.7064	1.3968	1.8595	2.3060	2.8965	3.3554
9	0.7027	1.3830	1.8331	2.2622	2.8214	3.2498
10	0.6998	1.3722	1.8125	2.2281	2.7638	3.1693
11	0.6974	1.3634	1.7959	2.2010	2.7181	3.1058
12	0.6955	1.3562	1.7823	2.1788	2.6810	3.0545
13	0.6938	1.3502	1.7709	2.1604	2.6503	3.0123
14	0.6924	1.3450	1.7613	2.1448	2.6245	2.9768
15	0.6912	1.3406	1.7531	2.1315	2.6025	2.9467
16	0.6901	1.3368	1.7459	2.1199	2.5835	2.9208
17	0.6892	1.3334	1.7396	2.1098	2.5669	2.8982
18	0.6884	1.3304	1.7341	2.1009	2.5524	2.8784
19	0.6876	1.3277	1.7291	2.0930	2.5395	2.8609
20	0.6870	1.3253	1.7247	2.0860	2.5280	2.8453
21	0.6864	1.3232	1.7207	2.0796	2.5177	2.8314
22	0.6858	1.3212	1.7171	2.0739	2.5083	2.8188
23	0.6853	1.3195	1.7139	2.0687	2.4999	2.8073
24	0.6848	1.3178	1.7109	2.0639	2.4922	2.7969
25	0.6844	1.3163	1.7081	2.0595	2.4851	2.7874
26	0.6840	1.3150	1.7056	2.0555	2.4786	2.7787
27	0.6837	1.3137	1.7033	2.0518	2.4727	2.7707

（续）

n	$a=0.25$	0.10	0.05	0.025	0.01	0.005
28	0.6834	1.3125	1.7011	2.0484	2.4671	2.7633
29	0.6803	1.3114	1.6991	2.0452	2.4620	2.7564
30	0.6828	1.3104	1.6973	2.0423	2.4573	2.7500
31	0.6825	1.3095	1.6955	2.0395	2.4528	2.7440
32	0.6822	1.3086	1.6939	2.0369	2.4487	2.7385
33	0.6820	1.3077	1.6924	2.0345	2.4448	2.7333
34	0.6818	1.3070	1.6909	2.0322	2.4411	2.7284
35	0.6816	1.3062	1.6896	2.0301	2.4377	2.7238
36	0.6814	1.3055	1.6883	2.0281	2.4345	2.7195
37	0.6812	1.3049	1.6871	2.0262	2.4314	2.7154
38	0.6810	1.3042	1.6860	2.0244	2.4286	2.7116
39	0.6808	1.3036	1.6849	2.0227	2.4258	2.7079
40	0.6807	1.3031	1.6839	2.0211	2.4233	2.7045
41	0.6805	1.3025	1.6829	2.0195	2.4208	2.7012
42	0.6804	1.3020	1.6820	2.0181	2.4185	2.6881
43	0.6802	1.3016	1.6811	2.0167	2.4163	2.6951
44	0.6801	1.3011	1.6802	2.0154	2.4141	2.6923
45	0.6800	1.3006	1.6794	2.0141	2.4121	2.6896

参考文献

[1] 杨德保．工科概率统计[M]．北京：北京理工大学出版社，1994.

[2] 常柏林，卢静芳，李效羽．概率与数理统计[M]．北京：高等教育出版社，2000.

[3] 张桂芝．概率论与数理统计[M]．北京：中华工商联合出版社，2002.

[4] 雷田礼．经济与管理数学——概率论与数理统计[M]．北京：高等教育出版社，2006.